FACHVERLAG
Verlagsgruppe Handelsblatt

Wissen im Mittelstand

Günter Althaus

Die Eigenkapital-Lüge

Eine Tradition beenden –
sieben mal besser finanzieren

Kurz-Coaching für den Mittelstand

Verlagsgruppe Handelsblatt

Reihe Wissen im Mittelstand

Günter Althaus
Die Eigenkapital-Lüge
Eine Tradition beenden – sieben mal besser finanzieren
Kurz-Coaching für den Mittelstand

Bibliografische Information der Deutschen Bibliothek
Die Deutsche Bibliothek verzeichnet diese Publikation in der Deutschen Nationalbibliografie; detaillierte bibliografische Daten sind im Internet unter http://dnb.ddb.de abrufbar.

ISBN 978-3-7754-0239-2

Dieses Werk einschließlich aller seiner Teile ist urheberrechtlich geschützt. Jede Verwertung außerhalb der engen Grenzen des Urheberrechtsgesetzes ist ohne Zustimmung des Verlags unzulässig und strafbar. Das gilt insbesondere für Vervielfältigungen, Übersetzungen, Mikroverfilmungen und die Einspeicherung und Verarbeitung in elektronischen Systemen.

© Fachverlag der Verlagsgruppe Handelsblatt GmbH
Kasernenstraße 67, 40213 Düsseldorf
www.fachverlag.de, info@fachverlag.de

Art Direction: Christian Voigt
Titelgestaltung / Satz: Sigrid Lessing, Christian Voigt
Bildnachweis: Corbis
Druck: D+L Reichenberg GmbH, Bocholt

Printed in Germany
Oktober 2009
2. Auflage 2010

Fachverlag der Verlagsgruppe Handelsblatt GmbH, Düsseldorf

Inhalt

Die Idee zu diesem Buch
Wer schreibt hier und warum? 9

Der Mittelstand
Eine Klasse für sich 14

Richtung wechseln
Bringen Sie die Banken auf Ihre Seite 19

Neue Türen öffnen
Nehmen Sie Abschied vom Hausbank-Prinzip 24

Verborgenes entdecken
Behalten Sie Ihre Sicherheiten im Blick 31

Ideen umsetzen
Planen Sie Innovation und Expansion mit ein 41

Erfolge zeigen
Weisen Sie genug Gewinn aus 47

Mitrechnen
Verhandeln Sie über günstige Kreditpreise 51

Besser finanzieren
Gehen Sie geschickt mit Ihrem Eigenkapital um 57

Fazit
Fangen Sie an 69

Anhang
Tabellen und Grafiken zur Eigenkapital-Studie 77

Die Idee zu diesem Buch

Wer schreibt hier und warum?

Sie denken vielleicht: Was für ein reißerischer Titel – Eigenkapital-Lüge! Ich meine das aber aufrüttelnd. Denn ohne diese Lüge könnten mittelständische Unternehmen in Deutschland ihre Geschäfte besser finanzieren.

Gelogen wird vor allem in den Medien. Ich ärgere mich seit langem über das, was ich dort immer wieder Oberflächliches über die Eigenkapitalausstattung mittelständischer deutscher Unternehmen lese. „Durchschnittlich nur 20 Prozent Eigenkapital! In Großbritannien oder den USA sind es 60 Prozent!"

Diese Aussagen stehen in jedem zweiten Fachartikel über die Finanzierungsprobleme des deutschen Mittelstands, obwohl sich die Länder nicht so einfach miteinander vergleichen lassen. Rechtsformen und Absicherung von Krediten sind einfach zu unterschiedlich.

Zu viele Irrtümer

Bei den IFRS (International Financial Reporting Standards) Rechnungslegungsstandards zeigt sich ebenfalls wenig Verständnis für die Besonderheiten in Deutschland. Da wird diskutiert, ob Kommanditkapital als Eigenkapital gilt, da Kommanditisten ausscheiden könnten – und langfristige Gesellschafterdarlehen werden als eigenkapitalergänzende Bestandteile nicht anerkannt. Gleichwohl dienen private Vermögenswerte im großen Stil und fast unabhängig von der Rechtsform als Sicherheiten bei Finanzierungen.

Die Idee zu diesem Buch

Folgen der Finanzkrise in Kürze

- Leidtragende der Finanz- und Wirtschaftskrise sind hauptsächlich die Steuerzahler und mittelständischen Unternehmer.
- Die Finanzkrise der USA schwappte u.a. auf andere Länder über, weil den Großbanken die Margen im normalen Kundengeschäft – damit ist auch das mittelständische Firmenkundengeschäft gemeint – nicht ausreichten, um die steigenden Bedürfnisse der Aktionäre zu befriedigen.
- Die Jagd nach Eigenkapitalrenditen jenseits der 25 Prozent, wie sie von zahlreichen Bankmanagern immer wieder aufgerufen wurde, führte dazu, dass erhöhte Risiken mit geringem Produktionsaufwand eingegangen wurden, z.b. durch den Erwerb von Beteiligungen an strukturierten Kreditportfolien mit oft schwacher Bonität, aber hoher Verzinsung.
- Die Mittelstandsbank IKB ist hierfür das prominenteste Beispiel in Deutschland. Die IKB war jahrelang von einer soliden, aus Sicht von Investoren eher langweiligen Geschäftspolitik geprägt, nämlich der Finanzierung des Mittelstands.
- Da die Renditen nicht ausreichten, um Investoren glücklich zu machen, wurde in großem Stil in strukturierte Papiere investiert. Kurzzeitig konnte eine hervorragende Performance ausgewiesen werden, die Ergebnisentwicklung wurde von allen Beobachtern gepriesen.
- Das dicke Ende kam prompt und heftig. Nicht kalkulierbare Risiken trieben die Bank beinahe in den Ruin. Wäre der Bund nicht mit einer Unterstützung von 10 Mrd. € eingesprungen, gäbe es die IKB heute nicht mehr.
- Die Auswirkungen der Krise treffen die Unternehmer gleich an mehreren Stellen. Aber staatliche Rettungsaktionen gibt es nur für große Banken und Unternehmen. Auch das stößt beim Mittelstand auf Unverständnis.

Die Idee zu diesem Buch

- Meine Empfehlung: Der Mittelstand sollte die Krise für die Entwicklung eines neuen Selbstbewusstseins nutzen.

Auch die vielen Aufklärungsversuche im Vorfeld von Basel II bezüglich Rating und Transparenz scheinen nicht viel gebracht zu haben. Viel zu viele Unternehmer kennen ihr Bankenrating nicht und wissen auch nicht, wie sie es verbessern können.

> Erschreckend ist die generelle Unkenntnis zahlreicher Marktteilnehmer und Beobachter über die Funktionsmechanismen der Banken. Mit der Folge, dass sich zahlreiche Irrtümer in der Mittelstandsfinanzierung schon seit Jahren hartnäckig halten.

Darüber hinaus bin ich der Ansicht, dass die Impulse der staatlich organisierten Mittelstandsförderungen zunehmend falsch greifen: Zwar hat die Kreditanstalt für Wiederaufbau (KfW) in einer Arbeitsgruppe bereits 2003 eine gute Bestandsaufnahme zum Titelthema dieses Buchs erarbeitet. Doch außer dem Hinweis auf neue Private Equity-Angebote und einer kleinen Überarbeitung der eigenen Produktpalette wurde nicht viel geändert.

Hinzu kam die Finanzkrise, welche die Unternehmer hart trifft. Denn das Rating ist noch wichtiger geworden – und ein elementarer Bestandteil zur Bewertung eines Unternehmens ist nun mal die Eigenkapitalquote. Wie gut, wenn man die Richtige kennt!

Die Idee zu diesem Buch

Insgesamt drängt sich mir immer mehr der Eindruck auf, dass die Mittelstandspolitik in Deutschland ein einziges großes Missverständnis ist. Für die Politik, die Banken und für die Unternehmer.

So könnte ich noch viele weitere Ungereimtheiten aneinanderreihen, aber gehen wir an den Start! Zur Einstimmung werfen wir noch einen Blick auf die Wirtschaftskrise:

Neue Perspektiven
Ich arbeite seit über 20 Jahren in mittelständischen Bank-Organisationen und kann mich nur wundern, wie wenige inhaltliche Verbesserungen es in dieser Zeit gegeben hat. Die Diskussionen mit meinen Studenten, die Unzufriedenheit vieler mittelständischer Unternehmer und auch die zunehmende Orientierungslosigkeit zahlreicher Kollegen bei der Suche nach neuen Rezepten im Mittelstandsgeschäft haben mich angeregt, meine Gedanken als Kurz-Coaching zu Papier zu bringen.

Dieses Buch bezieht sich auch immer wieder auf wissenschaftliche Untersuchungen. In erster Linie aber schreibt hier ein Praktiker. Mir geht es um ganz bestimmte Themen, die ich für die Eigenentwicklung des Mittelstands als besonders wichtig erachte.

Nutzen Sie die nachfolgenden Seiten zur Reflexion Ihrer eigenen Erfahrungen als Mittelständler und – wenn es passt – als Grundlage für konstruktive Gespräche mit Geschäftspartnern, Interessengruppen, politischen Meinungsbildnern und natürlich auch mit Ihrer Bank.

Die Idee zu diesem Buch

Kollegen, die sich dieses kleine Buch durchlesen, wünsche ich viele neue Ideen für die Betreuung der mittelständischen Firmenkunden.

Fällt die Eigenkapital-Lüge weg, können Unternehmer und Banken die Finanzierung für den Mittelstand sieben mal besser justieren – gemeinsam.

Der Mittelstand: **Eine Klasse für sich**

Der Mittelstand

Eine Klasse für sich

Wer ist eigentlich der Mittelstand, von dem ich behaupte, dass er besser ist als sein Ruf und für den ich dieses Buch geschrieben habe? Bei vielen großen Banken gilt diese breite Kundschaft nicht einmal als Firmenkunde. Sondern eher als Gewerbetreibende, ein Mix aus Privat- und Firmenkunde. Und die muss man, so denken wohl viele Banken, nicht ganz so professionell betreuen wie die „großen" Firmenkunden.

Kleinere mittelständische Unternehmen sind nahezu ausschließlich durch Einlagen der Gesellschafter und über Fremdkapital finanziert. Mit Schuldverschreibungen, nachrangigen Einlagen, stillen Beteiligungen und ähnlichem haben sie nichts am Hut. Ein großer Teil der gepriesenen Finanzmarktinnovationen steht diesen Unternehmen schlicht nicht zur Verfügung. Das sollte sich ändern.

Im deutschen Mittelstand dominiert das Familienunternehmen mit 95 Prozent, bei den restlichen 5 Prozent haben Manager das Sagen. Diese Unternehmen wickeln im Schnitt bis zu 50 Prozent des Umsatzes der jeweiligen Branche ab. In speziellen Branchen wie dem Baugewerbe sind es sogar 84,4 Prozent, im Gastgewerbe 90 Prozent.

Wichtig für die Volkswirtschaft

Das Institut für Mittelstandsforschung (IFM) definiert den Mittelstand nach quantitativen und qualitativen Merkmalen als sog. KMU: Kleinere und mittlere, meist eigentümergeführte Unternehmen.

Der Mittelstand: Eine Klasse für sich

Der Einordnung liegen z.B. Beschäftigtenzahl und Umsatz zu Grunde. Kleinunternehmen erwirtschaften mit ein bis zehn Mitarbeitern bis zu zwei Mio. € im Jahr. Mittelgroße Unternehmen kommen mit 11 bis 500 Mitarbeitern auf bis zu 50 Mio. €.

Auch die Beschäftigungsquote nach Branchen ist bemerkenswert. So arbeiten im mittelständischen Handel 94,2 Prozent aller Beschäftigten dieser Branche (sämtliche Angaben stammen aus den Aufzeichnungen des IFM aus 2006). Zu glauben, diese Gruppe spiele in der Volkswirtschaft eine untergeordnete Rolle, ist also sträflich.

Die EU-Kommission schränkt den Kreis der Beschäftigten für ein mittelgroßes Unternehmen auf 250 Mitarbeiter ein. Um genau diese Unternehmen geht es mir – und das sind insgesamt immerhin 99,7 Prozent aller mittelständischen Unternehmen in Deutschland.

Kleinteilig und flexibel

Da ist es also vollkommen richtig, wenn im WestLB-Research vom 17.09.2008 steht, der deutsche Mittelstand sei eine Klasse für sich. Er stelle fast 80 Prozent der Arbeitsplätze und er erwirtschafte die Hälfte der Wertschöpfung in Deutschland. Der deutsche Mittelstand trage demnach erheblich zur wirtschaftlichen Entwicklung bei.

Vor allem aber sei er der Stabilisator einer langfristigen volkswirtschaftlichen Entwicklung. Denn durch seine kleinteilige Struktur könne er konjunkturelle Schwankungen deutlich besser abfangen als die großen Unternehmen in anderen europäischen Ländern.

Wissen im Mittelstand | 15

Der Mittelstand: **Eine Klasse für sich**

All dem stimme ich uneingeschränkt zu. Doch ich weise zugleich auf wichtige Vor- und Nachteile hin, die durch die Kleinteiligkeit dieser Unternehmen entstehen.

Ein Vorteil ist z.b. die meist sehr viel längerfristig angelegte Unternehmensführung. Konjunkturelle Schwankungen führen darum nicht unbedingt zu Verwerfungen in der Führung oder Strategie.

Ein Nachteil ist, dass sich der Mittelstand weniger gut Effizienzvorteile aus optimierten Geschäftsabläufen schaffen kann. Wo fünf bis fünfzig qualifizierte Mitarbeiter beschäftigt sind, lassen sich kostensparende Prozesse wie Personalabbau nur selten umsetzen. Für den Arbeitsmarkt ist das aber wieder ein positiver Aspekt.

Darüber hinaus fehlt diesen Unternehmen häufig die finanzielle Kraft für eine Weiterentwicklung – obwohl es an innovativen Inhabern nicht mangelt. Auch darum sollte man den bestehenden Finanzierungsmöglichkeiten und Unmöglichkeiten besondere Aufmerksamkeit schenken.

Wird in der Öffentlichkeit über den Mittelstand gesprochen, tauchen dabei viel zu oft sehr große inhabergeführte Unternehmen auf. Daraus abgeleitete Bestandsaufnahmen haben darum mit der Wirklichkeit in den meisten mittelständischen Betrieben nichts zu tun. Das gilt ganz besonders für das Thema Finanzierung.

Hinkende Vergleiche

Der meistgenannte Indikator für die schlechtere Ausgangsposition mittelständischer Unternehmen ist die im internationalen Vergleich angeblich zu geringe Eigenkapitalquote. Nach Werten aus 2005 kommen kleinere und mittlere Unternehmen in Deutschland auf durchschnittlich 12 Prozent – im Vergleich mit Großunternehmen, die 26 Prozent ausweisen. Andere europäische Länder und die USA schneiden mit über 40 Prozent deutlich besser ab.

Doch andernorts sind die kleinen und mittelständischen Unternehmen deutlich weniger ausgeprägt. Auch die Rechtsformen sind ganz anders. Hierzulande geht es vor allem um Einzelunternehmen, OHG, KG oder kleine GmbH. In Großbritannien oder den USA dominieren Kapital- und vor allem Aktiengesellschaften. Die vorhandenen Finanzierungsmöglichkeiten kann man also nicht über einen Kamm scheren.

Mehr voneinander wissen, besser finanzieren
Empirisch ist bewiesen: Kleine Unternehmen mit einem Jahresumsatz von einer Mio. € haben viermal so hohe Schwierigkeiten bei der Finanzierung wie große Unternehmen, die jährlich über 50 Mio. € erwirtschaften (Quelle: DZ BANK, Studie Mittelstand, 2008).

Der Mittelstand in Deutschland finanziert vor allem mit dem klassischen Bankkredit. Lediglich neue Finanzierungsformen wie Leasing und Factoring gewinnen zunehmend an Bedeutung, teilweise jedoch aus Mangel an verfügbaren Bankkrediten.

Darin zeigt sich, dass die Finanzierungswirtschaft die Chancen kleiner und mittelständischer Unternehmen nicht kennt – obwohl diese im Vergleich zu großen Unterneh-

Der Mittelstand: **Eine Klasse für sich**

men geringere Finanzierungsrisiken mit sich bringen. Kritiker widersprechen dem sicherlich und verweisen auf die Insolvenzstatistik.

Doch nach Erkenntnissen meines Instituts sind über 95 Prozent aller Insolvenzen oder Liquidationen kleinerer und mittelständischer Handelsunternehmen auf fehlende Liquidität zurückzuführen. Das hängt nur zum Teil damit zusammen, dass Mittelständler keine Liquidität disponieren können. Vielmehr fehlen kurzfristige Finanzierungsmöglichkeiten.

Die Finanzierungssituation für den Mittelstand lässt sich verbessern, wenn sich die Finanzierungspartner inhaltlich und fachlich mehr mit den Besonderheiten dieser kleinen Unternehmen auseinandersetzen – und wenn sie sich statt mit der bilanziellen Eigenkapitalquote mit dem gesamten Haftungskapital eines Mittelständlers beschäftigen.

Und Sie als Mittelständler? Lernen Sie in diesem Kurz-Coaching sieben überraschende Mittel kennen, mit denen Sie Ihren Finanzpartnern ganz anders gegenübertreten können. Für selbstbewusste Finanzierungen, die gemeinsam gelingen.

1. Richtung wechseln

Bringen Sie die Banken auf Ihre Seite

Falsches Geschäftskonzept? Mangelnde Rentabilität? Nein. Die mit Abstand meisten Insolvenzen kleinerer und mittelständischer Unternehmen in Deutschland resultieren aus fehlender Liquidität. Doch daran lässt sich etwas ändern, denn das Finanzielle kann man langfristig planen – was übrigens auch den Umgang mit den Banken unterstützt.

Wenig geplant ist falsch finanziert
In einer betriebswirtschaftlichen Ausbildung bekommt man frühzeitig beigebracht, dass die Planung eines Unternehmens bezüglich Geschäftszweck und Finanzierung in unterschiedlichen Dimensionen erfolgt. Im Idealfall teilen sich darum unterschiedliche Menschen diese Arbeit.

Aber gerade in kleinen, mittelständischen Unternehmen ist diese Aufgabenteilung nicht möglich. Ein Unternehmer ist dort spezialisierter Waren- oder Produktfachmann, Techniker oder Handwerker – und verantwortlicher Kaufmann in Personalunion. Er beschäftigt sich, dies sei mit Bedacht hinzugefügt, verständlicherweise am liebsten mit dem, was er am besten kann.

Die Buchführung fristet dann notgedrungen ein Schattendasein. Der Unternehmer erledigt sie in Zusammenarbeit mit einem mehr oder weniger geschickt agierenden Steuerbüro. Oder der Ehepartner kümmert sich am Wochenende darum. Als Folge rutscht der Stellenwert der Finanzplanung hinter den des vermeintlich wichtigeren Betriebsgeschehens zurück.

Kapitel 1: **Richtung wechseln**

Ohne langfristige Finanzplanung und richtige Finanzierungsstruktur ist jede noch so gute Idee, jede noch so gute Erfindung, jedes noch so gute Konzept zum Scheitern verurteilt.

Häufig entstehen kritische Unternehmenssituationen z.b. dann, wenn der Unternehmer mit seiner Firma wachsen will. Genau in dem Moment, wo der Mietvertrag für ein neues Ladenlokal unterschrieben, die neue Filiale eröffnet oder ein anderes Unternehmen übernommen werden soll, fehlt der langfristige Finanzplan und damit die Voraussetzung für kurzfristige Entscheidungen: Der Unternehmer erhält keinen Kredit für die benötigte Grundwarenausstattung oder die Geschäftseinrichtung. Und schon nimmt das Unheil seinen Lauf...

Wegen der fehlenden Zusage einer langfristigen Finanzierung finanziert der Unternehmer die Investitionen aus den kurzfristigen Mitteln, dem Cash-Flow oder aus dem noch nicht voll ausgeschöpften Betriebsmittelkredit heraus. Schon die nächste Umsatzschwankung bringt das gesamte Unternehmen zu Fall, weil die Liquiditätslinien ausgereizt und die Möglichkeiten zur Ausweitung der Kreditlinien nicht mehr gegeben sind.

Die Bank – der Buhmann?
An dieser Stelle schimpfen die Betroffenen meist auf die Banken, die das Vorhaben nicht begleiten wollen. Oder die Unternehmer beklagen sich über das vermeintlich geringe Tempo der Bank bei der Kreditentscheidung. Doch das Problem sind nicht langsame oder unwillige Banken, sondern der hastige Entscheidungsdruck auf Kreditgeber und

Kapitel 1: Richtung wechseln

Kreditnehmer. Dahinter steckt kein böser Wille. Sondern: Hektik öffnet falschen Finanzierungsarten und vor allem der falschen Absicherung Tür und Tor.

Ob normales Tagesgeschäft oder spezielle Finanzierungen: Wenn der Unternehmer vorsorgende Absprachen getroffen hat, kann er diese Herausforderungen besser, schneller und perspektivenreicher bewältigen.

Gefragt sind eher Ruhe und Gelassenheit, und die erreicht man durch einen professionellen Umgang mit den Banken. Doch genau das ist das am meisten unterschätzte Gebiet mittelständischer Unternehmensführung. Leider tauchen selbst in den Angeboten der meisten Anbieter von Fortbildungs- und Qualifizierungsmaßnahmen Themen wie Finanzplanung und Finanzkommunikation für mittelständische Unternehmer maximal am Rande auf. Darum sollten die Unternehmer das Thema selbst in die Hand nehmen – und den Umgang mit Banken „learning by doing" optimieren.

Erfreulicherweise gehen bereits immer mehr Unternehmer dazu über, eine mittelfristige Unternehmens- und Finanzplanung auszuarbeiten. Auf dieser Basis kann frühzeitig der eigene Kreditspielraum ermittelt werden: Diese Unternehmer erfragen bei den Banken die Bereitschaft und lassen verbindlich formulieren, in welchem Ausmaß und zu welchen Bedingungen eine zusätzliche Kreditaufnahme möglich sein wird. Erst dann ist die Zeit reif für Expansion.

Kapitel 1: Richtung wechseln

Besser fünf Jahre im Blick haben

Ein wichtiges Mittel für den Mittelstand ist also eine langfristige Ausrichtung beziehungsweise Zielsetzung für das Unternehmen. Nur wenn klar ist, wie das Unternehmen sich in den nächsten Jahren entwickeln soll, kann auch die richtige Finanzierungsart für die jeweiligen Finanzierungssituationen ausgewählt werden.

Der Betrachtungshorizont sollte einen Zeitraum von fünf Jahren umfassen. Das halten viele Unternehmer für unrealistisch – weil nicht detailliert beschreibbar. Aber es geht gar nicht darum, jeden einzelnen Prozentsatz im Umsatzzuwachs, jede einzelne Investition auf fünf Jahre vorauszusagen. Die Unternehmer sollen auch keine komplizierten Powerpoint-Präsentationen erstellen oder episch lange Texte über Leitbilder und Visionen entwickeln.

Gefordert ist ein klares Bild des eigenen Unternehmens mit einem Zeithorizont von fünf Jahren. Es geht um die Kernkompetenzen, die Eckwerte zu Mitarbeitersituation, Geschäftsstrategie und Finanzierung. Darum, was Sie planen und tatsächlich tun, um diese Ziele zu erreichen. Nur so kann man Mitarbeitern, Geschäftspartnern oder auch der eigenen Bank erklären, was die notwendigen Entwicklungsschritte des Unternehmens sind. Daraus ergeben sich die einzelnen Teilschritte für die jeweilige Jahresplanung. Unterjährige Disposition oder Liquiditätsplanung sind dann lediglich „Abfallprodukte".

Diese langfristige Planung konfrontiert den Unternehmer frühzeitig mit der Hürde, wie z.B. ein Wachstumsprozess ohne weiteres Eigenkapital finanziert werden kann.

Kapitel 1: **Richtung wechseln**

Oder welche Kooperationen sinnvoll sind, um das Unternehmen weiter zu entwickeln.

> *Eine wirklich gute Bank ist daran zu erkennen, dass sie Gespräche über langfristige Aspekte ermöglicht, bevor es zu einem späteren Zeitpunkt tatsächlich zu einer Kreditvergabe kommt.*

Ein Unternehmer, der sich an dieser Stelle unsicher fühlt, braucht einen Sparringspartner. Das kann ein entsprechend qualifizierter Freund sein, ein professioneller Unternehmensberater – oder auch die Bank. Unternehmer und Firmenkundenbetreuer der Banken sollten sich sogar gegenseitig dazu anhalten, die langfristigen Aspekte der Finanzierung und Unternehmensentwicklung miteinander abzustimmen.

Fangen Sie an, Ihre Bank dementsprechend an Ihre Seite zu bekommen. Dann kennen Sie rechtzeitig Ihre Kreditschöpfungspotenziale – und Sie können möglicherweise Kreditrahmenvereinbarungen treffen, die Sie bei Bedarf einfach nur noch abrufen müssen. Das mindert den plötzlichen Entscheidungsdruck und erhöht die Qualität bei der Zusammenstellung der richtigen Finanzierungsinstrumente für Ihre jeweilige Finanzierungssituation.

2. Neue Türen öffnen

Nehmen Sie Abschied vom Hausbank-Prinzip

Vierzig Jahre bei der Hausbank sichern eine gute Beziehung? Falsch. Die Qualität der Geschäftsbeziehung wird von der Risikopolitik und Unternehmensstrategie der Bank mitbestimmt – und da kann es auch schon mal überraschende Veränderungen geben. Ganz besonders bei der Kreditvergabe. Darum sollten Unternehmer ihre Finanzierung auf mehrere Banken verteilen.

Heute alles in Butter, morgen Risiko – warum?

Mittelständler sind oft überrascht, wenn eine bis gestern noch intakte Kundenbeziehung wenig später in Frage gestellt wird. Wodurch und wie verändert sich eigentlich die Kreditvergabe einer Bank gegenüber ihren Kunden? Häufig sind es externe Einflüsse wie neue Gesellschafter in einer Bank, z.b. durch Fusion oder Übernahme. Vielleicht tobt sich die neue Führung in Form von veränderter Geschäftspolitik und Strategien aus. Auch eine neue Risikosituation der Bank kann ein Grund sein.

Vor allem der letzte Punkt ist angesichts der Finanzmarktkrise interessant. Der Schlüsselbegriff heißt Risikotragfähigkeit. Das war auch schon vor Basel II der Fall, hat durch die Finanzkrise jedoch eine völlig neue Relevanz erhalten. Das heißt, die Banken berechnen regelmäßig ihr maximales Risikopotenzial – also die Obergrenze dessen, was eine Bank an Verlusten aus Kapitalmarkt- und Kreditgeschäften verkraften kann, ohne damit die eigene Existenz zu gefährden.

Kapitel 2: Neue Türen öffnen

Wenn sich das Risikopotenzial einer Bank ändert – z.b. durch eine Finanzkrise – muss sie das Risikobudget bestimmter Kundengruppen senken. Bei der klassischen Kreditvergabe trifft das vor allem den Mittelstand.

Für diese Berechnung muss sich die Bank zunächst einen Überblick über gute und schlechte Bonitäten der einzelnen Schuldner verschaffen. Schuldner sind aber nicht nur mittelständische Unternehmen oder private Haushalte, die einen Kredit bei der Bank aufgenommen haben, sondern auch die Emittenten von Schuldverschreibungen und Wertpapieren, die von der Bank zur Anlage ihres Überschusses aus Kundeneinlagen gekauft worden sind.

Vereinfacht gesagt wird dann jedes dieser Risiken mit einer Ausfallwahrscheinlichkeit bewertet. Diese Ausfallwahrscheinlichkeit wird anschließend mit dem Finanzierungsbetrag multipliziert. Wichtig ist, dass das hierdurch errechnete Volumen unterhalb der Obergrenze für Risiken aus dem Kredit- und Anlagegeschäft liegt.

In der Risikosteuerung der Bank folgt dann die Aufteilung des maximalen Risikopotenzials auf die unterschiedlichen Kreditnehmergruppen. Auch dem Mittelstand wird also ein Teil dieses Kreditrisikopotenzials zugeordnet.

Wenn nun eine Bank ihre Risikoobergrenzen in anderen Bereichen überschritten hat – wie in der aktuellen Finanzmarktkrise bei der Anlage in strukturierte Kapitalmarktpapiere – muss sie gegensteuern und das maximale Risikobudget an anderer Stelle senken bzw. einsparen,

Kapitel 2: **Neue Türen öffnen**

z.B. im Bereich der klassischen Kreditvergabe an den Mittelstand, vor allem bei Handwerks- und Handelsbetrieben.

Ist dieses Gegensteuern bei mehreren Banken erkennbar oder notwendig, kann daraus über kurz oder lang eine Kreditklemme entstehen. Das zeigt sich in erster Linie durch einen verschärften Wettbewerb um die guten Bonitäten und eine deutlich zurückgehende Bereitschaft zur Bereitstellung von Krediten für mittlere Bonitäten.

Fatal: Abhängigkeit von einer Bank

Ein mittelständischer Betrieb, dessen Hausbank das Risikotragfähigkeitspotenzial ändern muss, steht plötzlich vor einem Problem. Denn schon die kleinste Verschlechterung der betriebswirtschaftlichen Ausgangssituation des Mittelständlers kann Anlass für weitgehende Kreditkürzungen sein. Gerade hier zeigen sich dann die gefährlichen Besonderheiten mittelständischer Kreditfinanzierung in Deutschland besonders deutlich: Erstens die häufig zu kurzfristig finanzierten Betriebsmittel und Investitionen – siehe voriges Kapitel – und zweitens die große Abhängigkeit von der Bankenfinanzierung.

Neulich sagte mir ein mittelständischer Unternehmer, er denke darüber nach, von seiner Bank Bilanzen und unterjährige Erfolgs- und Risikoberichte anzufordern. Genau so, wie es auch von ihm verlangt werde, wenn er Kredite beantrage. Schließlich sei für ihn die Transparenz sehr wichtig, ob er nun Kredite benötige oder Geld anlegen wolle.

Sein Vorhaben ist gar nicht so abwegig und es wurde auch im Rahmen der Basel II-Regelung teilweise aufgegriffen:

Kapitel 2: **Neue Türen öffnen**

Die sog. dritte Säule von Basel II regelt, dass Banken immer stärker verpflichtet werden, über ihre Risikoposition in ihren Jahresabschlüssen umfänglich Auskunft zu geben. Sie müssen auch das Funktionieren ihrer Risikosteuerungsinstrumente erläutern. Aber welcher Kunde beschäftigt sich mit Detailinformationen im Jahresabschluss einer Bank? Und wer versteht das alles? Darum kommt noch etwas Entscheidendes hinzu: Vertrauen.

> *Kreditnehmer und Kreditgeber müssen einander vertrauen. In der Finanzkrise hat dieses Vertrauen gelitten – auch das Vertrauen der Banken untereinander. Es muss von allen Seiten wieder aufgebaut werden. Eine wichtige Stellschraube dafür ist Transparenz.*

Kreditgeschäft ist ein Vertrauensgeschäft. Wenn der Kreditgeber darauf vertraut, dass der Kreditnehmer seinen Kredit mit Zinsen zurückzahlen wird, muss der Kreditnehmer darauf vertrauen können, dass die Bank entsprechende Kreditmittel für sein Unternehmen zur Verfügung stellt. Auch dann, wenn sich betriebswirtschaftliche Parameter in Zyklen verändern – und genau diese Zuverlässigkeit vermisst der deutsche Mittelstand.

Damit steht er aber nicht alleine da. Denn die Finanzkrise ist vor allem auch eine Vertrauenskrise. Viele sind davon betroffen, und da hilft nur Eines: Das Vertrauen muss (wieder) aufgebaut werden. Möglichst nachhaltiger als zuvor – aber auch ganz anders. Die Chancen stehen gut, dass es gelingt, Stück für Stück. Was heißt das für den deutschen Mittelstand?

Kapitel 2: Neue Türen öffnen

Selbstbewusster finanzieren: Wer kann's am besten?
Ich persönlich halte überhaupt nichts vom Hausbankenprinzip, das zum „Alleinbankenprinzip" geworden ist. Ein Mittelständler sollte seine Finanzierungsbasis immer auf mehrere Partner verteilen und die Finanzierungsart bei demjenigen abschließen, der das jeweilige Thema am Besten beherrscht.

So ist sicherlich die Bank vor Ort geeignet, im Rahmen von Immobilienfinanzierungen oder zur Bewältigung des laufenden Tagesgeschäfts ein starker Partner zu sein. Bei Investitionen in die Betriebs- und Geschäftsausstattung und für die Finanzierung von Warenausstattung oder Forderungsbestand gibt es jedoch oft deutlich professionellere Partner als eine klassische Hausbank.

Gleichzeitig hilft die Verteilung auf mehrere Kreditgeber dabei, die Abhängigkeit von veränderlicher Geschäftspolitik zu verringern. Eine solche Entscheidung mag im Einzelfall etwas teurer bezüglich der Refinanzierungskosten sein, aber wie immer ist das Günstigste nicht notwendigerweise das Beste. Sehr häufig führt die Kreditinanspruchnahme ausschließlich bei einem Kreditgeber dazu, dass der Wettbewerbsvergleich fehlt. Nicht selten höre ich von unfassbar hohen Kreditkonditionen für Betriebsmittelkredite, die jahrelang akzeptiert wurden – nur mangels alternativer Möglichkeiten und aufgrund angeblicher Marktgegebenheiten.

Um eine größere Unabhängigkeit und eine breitere Aufstellung in seinen Finanzierungsmöglichkeiten zu erhalten, muss aber auch der Mittelständler grundsätzlich für mehr

Kapitel 2: **Neue Türen öffnen**

Transparenz sorgen. Das gelingt ihm mit einer guten Aufbereitung der eigenen betriebswirtschaftlichen Sachverhalte, die er offen und vertrauensvoll mit seinem Kreditgeber bespricht. Von der Finanz- und Liquiditätsplanung bis zum Privatvermögen, das mit der Finanzierungsstruktur verwoben ist.

> *Bloß nicht alles auf eine Karte setzen, sondern unternehmerische Freiheit wahren: Mit einer klugen und selbstbewussten Verteilung einer mittelständischen Finanzierung auf mehrere vertrauensvolle Partner.*

Transparenz schützt Sie vor unangenehmen Überraschungen. Das war zwar schon immer so, rückte mit der Finanzkrise jedoch wieder mehr in den Vordergrund. Nutzen Sie Transparenz in Zukunft zu Ihrem Vorteil.

Kapitel 3: **Verborgenes entdecken**

3. Verborgenes entdecken

Behalten Sie Ihre Sicherheiten im Blick

Der beste Kredit ist der Blankokredit? Nur Unternehmen mit schlechter Bonität müssen Sicherheiten stellen? Von wegen! Sicherheiten sind generell wichtig. Denn bei einer Kreditvergabe decken sie nicht nur das Risiko für die Bank ab. Auch die Risiken für den Unternehmer, wie z.b. Veränderungen der Unternehmensergebnisse, werden dadurch abgesichert. Besonders wichtig, aber selten genutzt: Wer seine Sicherheiten genau kennt, kann leichter finanzieren.

Viele Unternehmer merken erst spät, welche Kreditverpflichtungen und Sicherheiten zusammenhängen. Die Frage taucht z.b. bei einer Nachfolgeregelung auf, und die gewonnenen Erkenntnisse sind mangels Transparenz oft schmerzhaft. Hier stelle ich diese und andere Fragen schon jetzt und hoffentlich rechtzeitig für Sie.

> *Ein besonders häufig diskutiertes Thema zwischen dem mittelständischen Unternehmer und einer Bank ist die Stellung von Sicherheiten. Dahinter verbergen sich jedoch eigentlich drei Themen: Art, Höhe und Bewertung von Sicherheiten.*

Frage eins: Wie viele Sicherheiten müssen gestellt werden?

Grundsätzlich stimmt es, dass ein Unternehmer Sicherheiten je nach Bonität stellen muss. Bei einer Top-Bonität ist i.d.R. nur eine geringfügige Sicherheitenstellung notwen-

Kapitel 3: **Verborgenes entdecken**

dig, bei mittleren Bonitäten hängt diese stark vom Finanzierungsgegenstand ab, bei schlechten Bonitäten erfolgt heute keine Kreditvergabe mehr.

Doch ob gute oder mittlere Bonität, das Problem für den Kreditnehmer ist das Volumen der Sicherheiten. Denn immer häufiger muss er Sicherheiten stellen, deren Wert auf den ersten Blick deutlich höher ist als der Kreditbetrag. Nur dann sei die Kreditschuld zu 100 Prozent abgedeckt – sagt die Bank.

Frage zwei: Warum müssen die Sicherheiten oft höher sein als der Kredit?
Durch regelmäßige Tilgung, wenn entsprechend vereinbart, wird die Kreditschuld bezahlt. Damit verringert sich auch das Risiko für das Kreditinstitut. Die Banken sagen jedoch, dass in dieser Zeit viele Sicherheiten an Wert abnehmen. Diesen Wertverlust müsse man von Anfang an einrechnen – und das ist eines der größten Finanzierungsprobleme für den Mittelstand. Denn mit dem zu erwerbenden Objekt allein gelingt es dem Unternehmer nicht, eine ausreichende Absicherung zu erzielen.

Das zeigt z.B. eine Immobilienfinanzierung. Für die Finanzierung eines Hauses, das eine Mio. € kostet, erwartet die Bank als Sicherheit eine Grundschuld, die dem Kaufpreis entspricht. Bei der Bewertung der Grundschuld für dieses Haus geht die Bank aber nicht von einer Mio. € aus, sondern von einem deutlich geringeren Wert.

Denn für die Wertermittlung reduziert die Bank den sog. Nominalwert des Hauses (er entspricht dem Kaufpreis)

Kapitel 3: **Verborgenes entdecken**

zunächst um einen Sicherheitsabschlag in Höhe von zehn Prozent – so sehen es z.b. die Beleihungswertermittlungsrichtlinien der Volks- und Raiffeisenbanken sowie der Sparkassen vor. Der Sicherheitsabschlag ist nötig, weil eine Bank den wirklichen Marktwert des Hauses zum Kauftermin nicht genau ermitteln kann.

> *Die Bewertung von Sicherheiten folgt dem Ansatz des vorsichtigen Kaufmanns: Er geht mit gesundem Menschenverstand davon aus, dass selbst stabile Werte sich zukünftig schlechter entwickeln können.*

Danach betrachtet die Bank die langfristige Wertentwicklung des Objekts, das durch den Sicherheitsabschlag nur noch 900.000 € wert ist. Die Bank geht davon aus, dass sie das beliehene Gebäude vielleicht irgendwann veräußern muss, weil der Schuldner nicht mehr zahlen kann. Je nach Einschätzung bleiben dann bei wohnungswirtschaftlich genutzten Objekten 80 Prozent und bei gewerblich genutzten Objekten i.d.R. zwischen 50 und 60 Prozent des ursprünglichen Werts übrig. Bei Spezialimmobilien ist es noch weniger.

Zwischenfrage: In den USA hat man aber anders gerechnet ...?
Die eben beschriebene, vorsichtige Art der Bewertung empfanden viele Finanzdienstleister und Anleger in den vergangenen Jahren als unmodern. Denn die Leitzinsen waren niedrig, und ganze Länder waren beseelt von der Idee, in Immobilien zu investieren. In den USA ging man kurzsichtig davon aus, dass die beliehenen Immobilien per-

Kapitel 3: **Verborgenes entdecken**

manent im Wert steigen würden. So wurden auch Finanzierungen genehmigt, bei denen der Kreditbetrag deutlich über dem Kaufpreis der Immobilie lag. Nach dem Motto: Zu einem Haus gehört auch ein neues Auto. Zum Schluss erhielt man diese Kredite sogar ohne Sicherheitenstellung, die Hauskäufer mussten nicht einmal mehr Einkommen nachweisen.

Das ging so lange gut, bis die viel besungene Immobilienblase platzte, weil die Zinsen stiegen und die Menschen die Kredite nicht zurückzahlen konnten. Die Häuser verloren an Wert, weil sie niemand kaufen wollte und zu viele zum Verkauf standen.

Die Hypotheken hatten die Finanzunternehmen jedoch weltweit als renditestarke Anlagen weiterverkauft. Durch den Wertverlust der Immobilien verwandelten sich die verkauften Hypotheken in problematische Wertpapieranlagen, die wiederum das im vorangegangenen Kapitel beschriebene Risikopotenzial vieler Banken verändert haben ... Aber jetzt zurück zu den wieder „modern" gewordenen, vorsichtig ermittelten Wertentwicklungen bei Sicherheiten.

Frage drei: Wer oder was bestimmt den Wertverlust?
Ein Beispiel aus dem Einzelhandel: Dort besteht die Vermögensseite i.d.R. aus der Betriebs- und Geschäftsausstattung, dem Ladenbau sowie aus den Warenbeständen. Die ersten drei gehören wahrscheinlich zu den am schnellsten an Wert verlierenden Vermögenspositionen, die ein Unternehmen überhaupt haben kann. Bei Handelsunternehmen im modischen Bereich geht man z.B. mittlerweile davon aus, dass der Ladenbau alle fünf Jahre erneuert werden muss.

Kapitel 3: **Verborgenes entdecken**

Bankentechnisch betrachtet bedeutet das auf den ersten Blick, dass der Wert eines als Sicherheit gestellten Ladenbaus mit mindestens 20 Prozent Abschlag jährlich anzusetzen wäre. Nach fünf Jahren ist der Ladenbau also nichts mehr wert – scheinbar kein Problem. Denn wäre die Finanzierung für den Ladenbau auf fünf Jahre abgestellt, mit einer gleichbleibenden Tilgung, würde sich das verbleibende Schuldvolumen gegenüber der Bank genau um den Betrag vermindern, den der Ladenbau an Wert verliert.

Die Praxis sieht jedoch anders aus. Denn die Bank fragt sich, welcher Betrag für den Sicherungsgegenstand zu erzielen ist, wenn es zu einem Kreditausfall kommt. Doch niemand kennt diesen Betrag, und die Bank könnte den Ladenbau eines Handelsunternehmens im Fall der Fälle auch gar nicht zum wirklichen Wert veräußern. Darum setzt die Bank den Ladenbau als Sicherheit nur mit 10 bis 20 Prozent des Kaufpreises an.

> *Zwischen dem Veräußerungswert, den der Unternehmer kalkuliert, und dem Sicherungswert, den die Bank kalkuliert, liegen z.B. bei Vorratsbeständen neun Zehntel des Warenwerts. Das zieht Unverständnis und Diskussionen nach sich, wenn Bank und Unternehmer den jeweiligen Wertansatz nicht transparent machen.*

Ähnlich geht es dem größten Aktivposten eines Handelsunternehmens, dem Warenbestand. Hier hält sich bei den Unternehmern hartnäckig die Meinung, im Warenbestand schlummerten stille Reserven. Schließlich kauft der Unternehmer die Waren zum Einkaufspreis und kalkuliert den

Kapitel 3: Verborgenes entdecken

regulären Preis – z.B. im Schuhbereich – mit einem Aufschlag von 150 Prozent. Aber das Kreditinstitut mit seiner Bewertungssystematik sagt: Als Sicherheit ist die Ware nur 20 bis 30 Prozent des Einkaufspreises wert.

Diese Diskrepanz führt in der Praxis immer wieder zu deutlichen Auseinandersetzungen zwischen dem Unternehmer und seiner Bank – weil einer den Wertansatz des anderen nicht nachvollziehen kann. Gleichzeitig eröffnen sich durch unterschiedliche Wertansätze jedoch alternative Möglichkeiten für eine Finanzierung.

Denn eine klassische Mittelstandsbank ist kaum in der Lage, Warenbestände selber zu verwerten. Bei einem Abverkauf kämen auch noch die Kosten eines professionellen Verwerters hinzu, die i.d.R. mehr als 50 Prozent der Verwertungserlöse ausmachen. Darum rechnet die klassische Mittelstandsbank mit einem äußerst hohen Wertverlust.

Ein Kreditinstitut mit eigenen Verwertungsmöglichkeiten oder einer hohen Spezialisierung kann jedoch bei einem Abverkauf bessere Quoten erzielen – und einen Warenbestand als Sicherheit höher bewerten. Auch darum lohnt sich also eine Verteilung der Finanzierung auf unterschiedliche Partner, siehe voriges Kapitel.

Frage vier: Wie wird Kredit gegen Sicherheit vertraglich geregelt?
Als wäre die Bewertung von Kreditsicherheiten nicht schon schwierig genug, öffnet sich gleich daneben die nächste Falle für den Unternehmer. Welche Sicherheit gilt, bitteschön, für welche Kreditverpflichtung?

Kapitel 3: **Verborgenes entdecken**

So seltsam es auch klingt – diese Verbindung ist in der Praxis die am meisten unterschätzte vertragliche Konstellation.

Die meisten Unternehmer wissen nicht, wann welche und ob überhaupt Sicherheiten nach Rückzahlung eines Kredits wieder frei werden. Eine langfristige Planung ist so nicht möglich.

Unternehmer gehen nämlich davon aus, dass bei einer Kreditvergabe gegen Sicherheiten zwei Verträge geschlossen würden. Im Kreditvertrag steht, wofür die Bank den Kredit in welcher Größenordnung mit welcher Laufzeit und welcher Verzinsung zur Verfügung stellt und wie hoch die monatlichen oder jährlichen Verpflichtungen aussehen. Der Sicherungsvertrag regelt, welche Sicherheiten der Unternehmer zur Verfügung stellt.

Doch es kommt noch ein dritter Vertrag hinzu, sozusagen als Verbindung zwischen Kredit- und Sicherungsvertrag. Es ist die sog. Sicherungszweckvereinbarung. Darin wird vereinbart, welche Sicherheiten für welche Kredite haften. Aus der Brille des Unternehmers betrachtet ist darin also zu lesen, wann die von ihm gestellten Sicherheiten für zurückgezahlte Kredite wieder frei sind. Daran denken aber Unternehmer und Banken nicht.

Im Gegenteil, am häufigsten schließt der Unternehmer mit seiner Bank sogar eine sog. weite Sicherungszweckerklärung. Damit wird beschlossen, dass eine vom Unternehmer gestellte Sicherheit für alle – und jetzt wird es spannend – gegenwärtigen und zukünftigen Kreditverpflichtungen des Kreditnehmers gegenüber der Bank haftet!

Kapitel 3: Verborgenes entdecken

Dass so eine weite Vereinbarung besteht, wird meist während einer Nachfolgeregelung erkennbar. Da staunt dann der übertragende Unternehmer, dass sein Nachfolger nicht seine Kreditlinie erhalten kann, ohne dass der Altunternehmer weiterhin Haftungsübernahmen eingeht, z.b. mit privaten Sicherheiten.

Frage fünf: Wie kann man da den Überblick behalten?

Wie ich in meiner langjährigen Praxis in der Beratung von mittelständischen Unternehmen festgestellt habe, wissen die meisten Unternehmer nicht, und ich schätze die Quote hier auf deutlich über 95%, wie ihre Kredite und Sicherheiten miteinander verflochten sind – obwohl eine Aufstellung über die Finanzierungsmittel und Sicherheiten eigentlich zum Standard gehörte. Genau wie der Anlagespiegel oder das Inventurverzeichnis eines Unternehmens.

Die mangelnde Transparenz bzw. eine unsachgemäße Verbindung von Finanzierungs- und Sicherungsgegenstand beeinträchtigt einen mittelständischen Unternehmer ganz enorm. Denn der Unternehmer kann frei werdende Sicherheiten nicht für neue Finanzierungen nutzen.

Der beste Kredit ist der Kredit, bei dem sowohl der Kreditgeber als auch der Kreditnehmer wissen, wofür die Finanzierung gedacht und mit welchen Sicherheiten und welchen Sicherungswerten sie abgedeckt ist.

Frage sechs: Was macht man da am besten?

Kreditvergaben ohne Sicherheiten, also Blankokredite, sind nicht das Optimum. Sondern Kreditvergabe gegen transparente Bestellung von Sicherheiten. Beide Parteien sollten ihre Ansprüche entsprechend regeln.

Achten Sie bei Ihren Finanzierungen darauf: Ihr Kreditgeber erhält von Ihnen die vereinbarten Sicherheiten für den Ernstfall. Im Gegenzug erhalten Sie einen klaren Freigabe- oder Rückübertragungsanspruch der Sicherheiten, deren gegenüberstehende Kredite Sie bereits zurückgezahlt haben. So können Sie in Zukunft so gut wie möglich planen und finanzieren. Langfristig und mit verschiedenen Partnern, die in der Lage sind, Ihre Sicherheiten optimal und verantwortlich zu bewerten.

4. Ideen umsetzen

Planen Sie Innovation und Expansion mit ein

Viele Beteiligte und Unbeteiligte im Markt behaupten immer wieder: Mittelständler können nicht expandieren, weil Banken dafür keine Kredite gewähren. Wie bitte? Aus meiner Sicht fehlt dem Mittelstand, vor allem den kleineren Unternehmen, die passende Innovation für die Expansion – und das langfristige Finanzierungskonzept. Beides lässt sich ändern.

Zur langfristigen Planung habe ich mich bereits weiter vorne geäußert. Was das Nachdenken über Innovation und Expansion anbelangt, müssen Sie aber nicht erst auf den ebenfalls dort erwähnten qualifizierten Freund, den Unternehmensberater oder die gesprächsbereite Bank warten. Auf den folgenden Seiten erhalten Sie diesbezüglich einige Tipps von mir.

Spare im Überfluss

Die meisten Studien, auch die schon zitierte Studie des IFM, hebt hervor, dass gerade in kleineren Unternehmen keine Mittel für Forschung und Entwicklung bereitstünden. Doch jedes Unternehmen, unabhängig von der Betriebsgröße, muss unbedingt Mittel für Forschung und Entwicklung beziehungsweise für neue Ideen am Markt freisetzen, um langfristig existieren zu können.

Wer Reserven dieser Art zurücklegen will, sollte das natürlich am besten in guten Jahren tun. Trotzdem passiert es immer wieder, dass Unternehmer erst während einer Abwärtsentwicklung auf die Kostenbremse treten – oder ausgerechnet dann kurzfristig expandieren wollen. Das kann mangels marktadäquater Konzepte nicht funktionieren. Anders sieht es bei Unternehmen aus, die in wirtschaftlich

Kapitel 4: **Ideen umsetzen**

starken Zeiten in neue Konzeptionen, Entwicklungen, Produkte oder Märkte investieren. In schwachen Phasen können sie Verluste ausgleichen.

Verändern Sie sich, sonst tun das Andere

Wie man als Mittelständler an Innovation oder Expansion herangeht – dafür gibt es viele Möglichkeiten. Von Seminaren und Workshops über den Austausch mit Experten bis hin zur Produktentwicklung mit eigenen Mitteln und der eigenen Mannschaft. Der Unternehmer muss bei der Umsetzung neuer Ideen jedoch beachten, dass die Innovation eventuell nicht funktioniert. Für diesen Fall muss er ebenfalls ein finanzielles Polster aufgebaut haben. Die häufig bemühte Aussage von mittelständischen Unternehmern, dass das Unternehmen für solche Rücklagen keinen Spielraum habe, ist meines Erachtens falsch.

Die Zeiten ändern sich: Planen Sie nichts Neues, werden andere etwas Besseres haben. Bleiben Sie stehen, werden Sie überholt. Nutzen Sie Seminare oder Workshops, lockere Gespräche und heiße Diskussionen, Feierabend und Urlaub, um auf neue Ideen für Ihr Unternehmen zu kommen.

Wenn man überlegt, dass ein Großunternehmen je nach Branche durchschnittlich über fünf Prozent der Erlöse für Forschung und Entwicklung ausgibt, ist das auch für einen kleinen Mittelständler eine gute Orientierung. Für ihn reicht eventuell eine Quote von 2,5 Prozent. Bei einem Jahresumsatz von einer Mio. € wären das 25.000 € für die Entwicklung neuer Themen, neuer Produkte oder die Analyse neuer Märkte.

Kapitel 4: **Ideen umsetzen**

Ganz im Ernst: Kann der Unternehmer eine solche Größenordnung in der Kalkulation seiner Absatzpreise nicht umsetzen, halte ich sein Unternehmen für nicht zukunftsfähig. Leider diskutiert das fast niemand mit den Unternehmern, auch nicht die betreuende Bank.

Suchen Sie Banken mit klugen Finanzierungsmodellen
Der Begriff Kalkulation bringt uns noch einmal zur langfristigen Planung – jetzt betrachtet hinsichtlich Expansion. Ob Filialisierung, Flächenerweiterung, neue Produkte oder Unternehmenskauf, der Unternehmer benötigt ein Finanzierungspotenzial, das er in der Strategiediskussion mit seinem Bankberater ermittelt und vorsorglich bereitstellen lässt, z.b. um aus drei Filialen fünf zu machen. Oder um einen verbesserten Einkauf und eine höhere Marktpräsenz im regionalen Markt zu erreichen.

Dafür muss der Unternehmer zunächst sein eigenes Kreditpotenzial transparent benennen und nutzbar machen können – und er muss beachten, dass i.d.R. der Finanzierungsbedarf bei einer Expansion deutlich höher ist als Investitionen in Geschäftsausstattung oder Warenbestände. Doch mehr Betriebsmittelkreditspielraum bedeutet meist mehr Sicherheitenstellung.

Nehmen Sie trotzdem Innovation und Expansion auf jeden Fall in Ihre Planung mit auf, damit Sie langfristig erfolgreich bleiben. Beugen Sie darüber hinaus Liquiditätsengpässen bei Expansionen vor, in dem Sie mit Ihrer Bank tilgungsfreie Zeiten oder veränderliche Zinssätze für die Finanzierung vereinbaren – z.B. durch niedrige Tilgungs-

Kapitel 4: **Ideen umsetzen**

raten zu Beginn und langsam steigende Zinssätze, die Sie leichter begleichen können, wenn Ihre Investition ins Verdienen kommt.

Eine Bank, die derartige Finanzierungsmodelle vorsieht, müssen Sie allerdings suchen. An dieser Stelle sei ein Lob gegenüber der KfW-Bankengruppe ausgesprochen: Die meisten Programme im Bereich der Investitionsfinanzierung mittelständischer Unternehmen der KfW sehen genau diese Systematik vor.

 Praktische Übung

Eine schiefe Finanzierung, genauer betrachtet

Ein Unternehmen hat eine Bilanzsumme von einer Mio. € und ein Eigenkapital von 200.000 €. Das entspricht rechnerisch einer Eigenkapitalquote von 20 Prozent.

Der Unternehmer will seinen Erfolg langfristig stärken und expandieren. Er rechnet und kommt auf einen Investitionsbetrag von weiteren 200.000 €.

Wenn der Unternehmer diesen Kapitalbedarf ausschließlich durch Fremdfinanzierung stemmen will und die Hausbank dazu bereit ist, ergibt sich folgende Situation:

Sein Bilanzbild verschiebt sich, denn die Eigenkapitalquote fällt von einem Fünftel der Bilanzsumme auf ein Sechstel. Diese schlechtere Eigenkapitalquote beeinträchtigt das Ratingergebnis des Unternehmens negativ.

44 | Wissen im Mittelstand

Kapitel 4: **Ideen umsetzen**

Zu Beginn der Investition hat der Unternehmer Verpflichtungen aus der Finanzierung heraus zu erfüllen. Aber ihm fehlen entsprechende Mehreinnahmen, weil die Geschäftserweiterung erst anlaufen muss. Das schadet seiner Liquidität.

Je nach Liquiditätsversorgung vor der Expansion kann diese Situation sehr schnell existenzbedrohend werden. Wenn der Unternehmer seine Kreditlinien überziehen muss, schlägt sich das ebenfalls auf sein Rating nieder.

So wird aus einer gut gemeinten Investition zur langfristigen Sicherung plötzlich eine kurzfristige Bedrohung des Unternehmens, weil die Finanzierung nicht zur Investition passte.

Mein Verbesserungsvorschlag
Ermitteln Sie für Ihre langfristige Finanzierungskonzeption, mit welchen zusätzlichen Eigenmitteln Sie die Fremdfinanzierungsbelastung abfangen können – damit die Investition zumindest die bestehende Eigenkapitalquote nicht beeinträchtigt.

5. Erfolge zeigen

Weisen Sie genug Gewinn aus

„Mein Steuerberater hat mir geraten: Nur nicht zu viel Gewinn ausweisen!" Das höre ich von Unternehmern immer wieder, wenn wir miteinander Jahresabschlüsse analysieren. Die Aussage ist für mich persönlich – Verzeihung! – zu einer echten Lachnummer verkommen. Vielmehr müssen Unternehmer auf jeden Fall eine ausreichende Kapitalbasis aufbauen.

Glaubhaft und sinnvoll ist die Wenig-Gewinn-Erklärung eigentlich nur bei Unternehmen im Handel, die mehr als fünf Prozent Umsatzrendite ausweisen. Allen, die mit Betriebsergebnissen um die schwarze oder rote Null oder auch mit leichten Verlusten hantieren, sei gesagt: Der Rat des Steuerberaters könnte sehr teuer werden.

Steuern hindern nicht am Sparen

Zunächst einmal ist die Aussage, man versuche über geringere Ergebnisausweise eine hohe Steuerbelastung zu vermeiden, sicherlich ein Relikt der Vergangenheit. Schließlich haben sich die Ertragssteuersätze in den letzten zehn Jahren dramatisch verändert. Vor 1999 zahlte man als Kapitalgesellschaft für einbehaltene Gewinne rund 56 Prozent Körperschaftssteuer.

Mittlerweile, im Jahr 2008/2009, beträgt die Steuer auf einbehaltene und ausgeschüttete Gewinne (Definitivsteuer) historisch niedrige 15 Prozent Körperschaftsteuer – i.d.R. deutlich unter dem der persönlichen Einkommensteuer.

Kapitel 5: **Erfolge zeigen**

Bei anderen Gesellschaftsformen werden nicht entnommene Gewinne heute auf Antrag mit maximal 28,25 Prozent bei der Einkommensteuer belastet.

Weniger Bürokratie wäre insgesamt wünschenswert. Doch im Bereich der klassischen Steuerpolitik ist keine wesentliche Entwicklung mehr zu erwarten – und aus meiner Sicht auch nicht notwendig.

Wer sein Unternehmen langfristig weiterentwickeln will, kann also sehr wohl Kapital dafür aufbauen. Aus meiner Sicht ist ein Unternehmer sogar dazu verpflichtet, eine Kapitalbasis für die langfristige Finanzierung des Unternehmens zu erarbeiten.

Wer genug leistet, kann sich was leihen

Die Aussage, man habe einen nicht zu hohen Gewinn ausweisen wollen, kann man aber auch als nicht vorhandene Gewinnfähigkeit der jeweiligen Unternehmen interpretieren. Deshalb gehen die Banken zunehmend kritischer mit diesen Informationen um. Vor allem, weil es durch Über- bzw. Unterbewertung von Vermögenspositionen zu Verschiebungen kommt und die echte betriebliche Leistung des Unternehmens nicht mehr zu erkennen ist.

Fragt ein Unternehmen nach einem Kredit, stellt die Bank – unabhängig von Sicherheiten – eine wichtige Gegenfrage: Wie steht es mit der Kapitaldienstfähigkeit? Ist das Unternehmen überhaupt in der Lage, Zins- und Tilgungsleistungen zu erbringen?

Kapitel 5: **Erfolge zeigen**

Für die Berechnung ermittelt die Bank den (hier: einfachen) Cash-Flow, also die Summe aus dem ausgewiesenen Betriebsergebnis plus der nicht zahlungswirksamen Abschreibungen. Da der Bank hierfür i.d.r. nicht die Steuerbilanz vorliegt, entnimmt sie die benötigten Informationen der Handelsbilanz. Daraus ergibt sich die Summe der Mittel, die aus dem laufenden Ergebnis maximal für eine Zins- und Tilgungsleistung zur Verfügung stehen. Darüber hinaus zeigt sich, welcher Spielraum für zusätzliche Zinsleistungen zur Verfügung steht.

Wer als Mittelständler mit geringem Gewinnausweis in der Bilanz eine vermeintliche Steueroptimierung erreichen will, braucht sich nicht zu wundern, wenn die Bank bei einer Finanzierung abwinkt.

So wird das ganze Finanzierungsvolumen offenbar. Ist es zu gering, wird es später wohl zu Kreditkündigung oder Sicherheitenverwertung kommen. Ob die Bank einen Kredit langfristig zusagt oder überhaupt vergibt, hängt also zum großen Teil vom Betriebsergebnis ab, das ein Unternehmen im Rahmen seiner Bilanzpolitik ausweist.

Kapitaldienstfähigkeit belegen
Natürlich spricht das nicht gegen steuerlich anzuerkennende Gestaltungen. Denn auch die müssen Sie bei guter Ergebnislage für die Zukunft nutzen.

Ich rate Ihnen auch, Ihre Vermögenswerte im Sinne eines vorsichtigen und ehrbaren Kaufmanns zu bewerten (damit überbewertete Aktiva nicht irgendwann zur Last werden).

Kapitel 5: **Erfolge zeigen**

Außerdem sollten Sie bei Ihrer finanzierenden Bank so viel Transparenz über die Betriebsleistung des Unternehmens zur Verfügung stellen, dass diese daraus die zuvor beschriebene Kapitaldienstfähigkeit ableiten kann.

Der größte Irrtum der geringen Gewinnausweise ist die Wirkung auf die Finanzierbarkeit des Unternehmens – inklusive Kapitalentwicklung und Kreditvolumen. Darum bitte umdenken: Ausreichend Gewinn muss sein!

Wenn Sie das nicht nur über den Jahresabschluss tun möchten, sprechen Sie am besten mit dem Banker Ihres Vertrauens die detaillierten, betriebswirtschaftlich relevanten Zahlen für das operative Ergebnis durch. Inklusive Teilwertabschläge für Warenbestände oder sonstige Gestaltungsspielräume für die Vermögensbewertung Ihres Unternehmens. Diese Gespräche sind nebenbei ein Gewinn für Ihr Unternehmen – steuerfrei.

Kapitel 6: **Mitrechnen**

6. Mitrechnen

Verhandeln Sie über günstige Kreditpreise

Wenn die europäische Zentralbank die Zinsen senkt, werden die Kredite günstiger – meinen die Privatleute und leider auch die mittelständischen Unternehmer. Dieses Missverständnis wirkt sich unmittelbar auf die Finanzplanung und die Kommunikation mit den Banken aus. Sehen Sie darum hinter die Kulissen. Wenn Sie wissen, wie die Zinspolitik der Zentralbank, die Kreditzinsen und Ihr Rating miteinander verknüpft sind, können Sie günstiger finanzieren.

Vorab: Leitzinsen bestimmen, zu welchen Konditionen Banken untereinander Kredite aufnehmen. Dass eine Bank diese Zinsvorteile nicht an ihre Kunden weitergibt, hat darum nichts mit bösem Willen zu tun, sondern mit einer deutlich differenzierteren Preiskalkulation im Bereich der Kreditkosten. Der Leitzins der Zentralbank als Indikator für die Geldbeschaffungskosten der Bank ist nur einer von vielen Faktoren.

> **Praktische Übung**
>
> **Wie eine Bank Zinsen ermittelt**
>
> *Eine normal kalkulierende Bank, und hier sei nur auf die wesentlichen Faktoren eingegangen, rechnet mit folgenden Positionen:*
>
> **1. Die Refinanzierungskosten**
> *Das ist der Zinssatz, den die Bank für die Beschaffung der Finanzierungsmittel zahlt, u.a. für Spareinlagen.*

Kapitel 6: **Mitrechnen**

Für die Kalkulation rechnet sie i.d.R. mit einem vergleichbaren Marktpreis, z.B. dem Laufzeiten-Euribor. Euribor – eine Abkürzung für European Interbank Offered Rate – meint den Zinssatz für die Geldleihe zwischen Banken. Hier machen sich die niedrigen Leitzinsen am ehesten bemerkbar. Eine Ausnahme war bisher die Vertrauenskrise im Herbst 2008: Die niedrigen Leitzinsen wirkten nicht, weil sich die Banken mangels Vertrauen gegenseitig kein Geld mehr leihen wollten. Auch die Anleger waren verunsichert, ob sie den Banken Geld geben konnten.

2. Die Eigenkapitalkosten
Eine Bank ist verpflichtet, für die ausgelegten Kredite acht Prozent Eigenkapital vorzuhalten. Basel II hat diese Regel modifiziert. Seither gilt, dass gute Bonitäten eine niedrigere Eigenkapitalbevorratung für die Bank auslösen, schlechtere Bonitäten eine Höhere. Gewährt die Bank also einem Kunden mit schlechterer Bonität Kredit, muss sie bis zu zwölf Prozent Eigenkapital im Verhältnis zum Kreditbetrag vorhalten. Erhält ein starkes Unternehmen einen Kredit, hat die Bank statt der bisher geforderten acht nur vier Prozent bereitzustellen. Eigenkapital ist für eine Bank kalkulatorisch eine teure Größe. Braucht sie mehr davon, wird der Zinssatz höher. Umgekehrt wirkt sich eine gute Bonität preissenkend aus.

3. Die Produktionskosten
Dazu zählt die Abbildung des Kreditprozesses vom Antrag über die Erstvotierung und die Zweitvotierung. Denn eine Bank lässt i.d.R. eine Kreditvergabe durch getrennte Mitarbeitergruppen mehrfach einschätzen. Weitere Produktionskosten entstehen z.B. bei der Ausfertigung des Kreditvertrags und möglicher Sicherheitenverträge oder bei der Anlage von Konten.

Kapitel 6: **Mitrechnen**

4. Die Risikokosten

Neben den Refinanzierungskosten ist das sicherlich der größte Stellhebel der Kalkulation. Die Risikokosten hängen wieder mit der Bonität zusammen, denn die Bank fordert je nach Ratingergebnis einen Zinsaufschlag für das vermeintlich entstehende Ausfallrisiko. Wird nun die Konjunktur pessimistisch eingeschätzt, mit deutlich höheren Einbußen bei Umsatz und Ertrag bei den Unternehmen, erhöhen sich in den Ratingmodellen der Banken die Ausfallwahrscheinlichkeiten. Mal durchgerechnet: Bei einem Kredit mit einer geringen Ausfallwahrscheinlichkeit, also z.b. 0,2 oder 0,3 Prozent, liegt die Risikoprämie bei vielleicht gerade mal einem Prozent. Ist die Ausfallwahrscheinlichkeit höher, z.B. fünf Prozent, kann die Risikoprämie durchaus vier bis sechs Prozent betragen – sozusagen als Versicherungsprämie für den Kreditausfall.

5. Weitere Faktoren

In den Preis fließen noch andere Parameter ein. Der Übersichtlichkeit halber soll aber hier nur noch der Gewinnaufschlag der Bank aufgeführt werden. Die Bank definiert ihn in Abhängigkeit ihrer Renditeerwartungen unterschiedlich. Üblich sind Sätze zwischen 0,5 und 1,5 Prozent bei langfristigen Finanzierungen.

Mein Verbesserungsvorschlag

Die Banken sollten mehr über die Wechselwirkung der unterschiedlichen Kalkulationsbestandteile aufklären. Das nehme ich mir ausdrücklich auch für mein eigenes Haus vor. Langfristig ist die Geschäftsverbindung am erfolgreichsten, die bei Bank und Mittelständler eine gute Gewinnsituation auslöst und die beide Seiten als fair empfinden.

Kapitel 6: **Mitrechnen**

Sicherheiten senken den Preis

Besonders stark wirkt sich die Zinsentwicklung bei kurzfristigen Krediten aus, vor allem bei Betriebsmittelkrediten. Viele Banken verlangen dafür keine Sicherheiten, berechnen aber umso höhere Risikoaufschläge.

Doch nach meiner Beobachtung stellen sehr viele mittelständische Unternehmen auch für Ihre Betriebsmittelkredite werthaltige Sicherheiten zur Verfügung. Nutzen Sie darum die hier gewonnenen Hintergrundinformation für die Diskussion der Kreditpreise bei Ihrer Bank – und achten Sie darauf, dass ein sicherheitenunterlegter Kredit deutlich günstiger im Preis sein muss als einer ohne Sicherheiten. Realistisch sind gegenwärtig (Juli 2009) Risikoaufschläge von zwei bis drei Prozent für komplett sicherheitenunterlegte Betriebsmittelkredite.

Lernen Sie Ihr Rating kennen

Der Preis hängt auch vom Rating ab. Ein Unternehmer hat es also zum großen Teil selber in der Hand, seine Finanzierung, die Rückzahlung sowie die gesamte Rentabilität der Investition günstig zu beeinflussen. Viele Unternehmer haben mir schon gesagt, sie wüssten gar nicht genau, wie die eigene Bank sie bewertet. Immer häufiger erlaube ich mir die Gegenfrage, warum sie sich nicht einfach nach dem Rating erkundigen. Dann erhalte ich als Antwort: Die Bank gebe das Ratingergebnis nicht preis.

Selbst wenn das so ist – vom Kreditpreis können Sie durchaus ableiten, wie Ihre Bank die Bonität Ihres Unternehmens einschätzt.

Kapitel 6: **Mitrechnen**

Vergleichen Sie den Preis z.B. mit dem, was befreundete Unternehmer für Kredite zahlen. Oder orientieren Sie sich am Finanzierungsmarkt.

> *Das Rating entscheidet über das Ja oder Nein einer Bank zum Kredit. Wenn ja, entscheidet es ausserdem über den Preis des Kredits und damit über das Kreditvolumen, das ein Unternehmen stemmen kann. Jeder Unternehmer sollte über sein Rating informiert sein. Auch, um es mittelfristig verbessern zu können.*

Allerdings hat meiner Meinung nach jeder Unternehmer das Recht, auf die Bekanntgabe seines Ratingergebnisses zu bestehen. Das bedeutet zwar nicht, dass Ihnen die Bank die Parameter für ein besseres oder schlechteres Ratingergebnis erläutern muss. Doch immer mehr Banken zeichnen sich mittlerweile dadurch aus, dass sie das Bewertungsmodell transparent machen, es offensiv mit ihren Kunden diskutieren und Strukturen verbessern.

So erlaube ich mir hier den Hinweis: Eine Bank ist dann ideal, wenn sie gemeinsam mit Ihnen Ihr Rating verbessern möchte. Dazu gehört natürlich auch die bereits erwähnte Transparenz Ihrerseits hinsichtlich der Unternehmenssituation. Im Endeffekt können Sie so günstigere Kreditpreise aushandeln und erfolgreiche Finanzierungen auf die Beine stellen.

Kapitel 7: **Besser finanzieren**

7. Besser finanzieren

Gehen Sie geschickt mit Ihrem Eigenkapital um

Was ist eigentlich Eigenkapital? Welche Funktion hat es im Unternehmen? Wie viel ist wirklich vorhanden? Stimmt das, was die Medien immer verbreiten: Es sei zu niedrig? Glauben Sie den Medien kein Wort, hören Sie nicht auf diesbezügliche Unkenrufe. Um das Eigenkapital deutscher Mittelständler ist es besser bestellt, als viele denken.

Wenn in den Medien von der Eigenkapitalquote mittelständischer Unternehmen die Rede ist, bleibt meistens völlig im Dunkeln, um welchen Betrag es sich handelt. Die Literatur bietet unterschiedliche Definitionen an. Die einfachste und vielleicht wirksamste ist: Vermögen minus Schulden gleich Eigenkapital. Aber – welches Vermögen ist gemeint?

 Praktische Übung:

Destillation eines Bilanzteils

In der Bilanz eines Handelsunternehmens sind die wesentlichen Vermögensposten die Betriebs- und Geschäftsausstattung sowie der Warenbestand, eventuell noch Immobilien.

Auf der Passivseite stehen die eindeutigen Verbindlichkeiten in Richtung Lieferanten und Banken. Die Rückstellungen sollte man sich ebenfalls genauer ansehen.

Ein Unternehmen, das nach HGB bilanziert, schreibt Immobilien oder Betriebs- und Geschäftsausstattung i.d.R. fortlaufend ab.

Kapitel 7: Besser finanzieren

Im Waren- und Forderungsbestand korrigieren die Unternehmer die Werte auf Basis der Inventur, bei den Waren durch Teilwertabschreibung, im Forderungsbestand durch Einzel- oder Pauschalwertberichtigung.

1. Teilwertabschreibungen

Im Warenbestand gelten nach nur zwei Saisons maximal 50 Prozent des ursprünglichen Vermögenswerts als realistisch – je nach Modegrad des Bestands.

Bei sehr ergebniskräftigen Unternehmen versucht der Unternehmer, die Teilwertabschreibung so hoch wie möglich zu bilden, um den steuerpflichtigen Gewinnausweis zu reduzieren. Damit ist die Auseinandersetzung mit den Finanzbehörden vorprogrammiert, weil sie Teilwertabschläge jenseits bestimmter Grenzen i.d.R. nicht anerkennen.

Der schwächere Unternehmer, der zur Befriedigung seiner Fremdkapitalgläubiger ein einigermaßen angemessenes Ergebnis ausweisen möchte, reduziert oder vermeidet Teilwertabschreibungen. Dadurch erhöht er den ausgewiesenen, meist kleinen Unternehmensgewinn.

Das ist aber eine Hypothek auf die Zukunft. Denn spätestens bei Veräußerung der Ware zeigt sich, dass die geplanten Preise und Mengen nicht realistisch waren. So sinkt langfristig der Rohertrag für das Unternehmen.

Bilanzleser und Analysten tun sich notgedrungen schwer mit der richtigen Einschätzung solcher Vermögenspositionen. Zwar veröffentlichen viele Branchenverbände Muster-Teilwertabschreibungstabellen. Besonderheiten wie z.B. Modetrends lassen sich damit aber nicht hinreichend genau berücksichtigen.

Kapitel 7: Besser finanzieren

2. Forderungen
Um ein Gefühl dafür zu bekommen, ob die bilanzierten Forderungen werthaltig sind, hilft nur die Debitorenliste weiter – wenn man tiefer in die Bewertung der einzelnen Debitoren einsteigt. Für die normale Bilanzanalyse ist dieser Aufwand aber zu hoch. Also achtet der interessierte Leser auch hier auf Angaben zu Einzel- und Pauschalwertberichtigungen, die jedoch häufig unzureichend sind. Der Bilanzanalyst reagiert mit großzügigen, pauschalen Abschlägen.

3. Ladenbau, Betriebs- und Geschäftsausstattung
Diese Vermögensposition ist meines Erachtens lediglich in den ersten zwei Jahren nach Anschaffung interessant. Später ist sie im Regelfall mit Null zu bewerten und darum ein kompletter Abzugswert (vergleiche Anmerkungen im Kapitel Sicherheiten). Nur in Ausnahmefällen, z.b. bei Franchise-Systemen, ist überhaupt eine Wiederverwertung von Ladenbauelementen bei einer Unternehmensauflösung denkbar.

4. Weitere Positionen
Wie sind Roh-, Hilfs- und Betriebsstoffe oder andere Anlagepositionen zu bewerten? Wie hoch ist der im Anlagevermögen steckende Immobilienteil? Hier verweise ich ebenfalls auf das Kapitel Sicherheiten.

Ergebnis
Niemand weiß, wie hoch die Abschreibungswerte und der Vermögenswert wirklich sind. In der Bilanz steht also ein ungenauer Restbuchwert statt des tatsächlichen Verkehrswerts. Und die Rechnung heißt also Restbuchwert (und nicht Vermögen) minus Schulden gleich Eigenkapital.

Kapitel 7: **Besser finanzieren**

Die bilanzielle Eigenkapitalquote irritiert
Die eben beschriebene Durchsicht des Bilanzteils hat gezeigt, dass das wahre wirtschaftliche Eigenkapital unbekannt bleibt. Die Banken rechnen bei ihren Ratingauswertungen aber mit diesem ungenauen Wert.

Sie könnten zwar eine Korrektur der Eigenkapitalquote vornehmen, wenn sie den Anlagespiegel heranzögen. Denn er informiert über Anschaffungswerte und die Abschreibungsvolumina im Anlagevermögen. Doch in diesen Spiegel wird selten geblickt.

Vielleicht helfen die Darstellung der Finanzierungsstruktur eines Unternehmens oder die detaillierten Angaben zur Bewertung der Vermögenspositionen im Anhang. Doch zu einer kompletten Darstellung seiner Bewertungsmaßstäbe ist der mittelständische Unternehmer nicht verpflichtet. Das ist auf den ersten Blick gut für ihn, auf den zweiten ein Risiko: Die eigentliche wirtschaftliche Kraft, die u.a. durch die Höhe von freiwilligen Teilwertabschlägen zum Ausdruck kommen kann, bleibt weiter unsichtbar.

Für genauere Werte nutzt es auch nichts, die Bewertungssystematik in der Bilanz zu verändern. Ob höhere oder niedrigere Bewertung – die bilanzielle Eigenkapitalquote bleibt immer ungenau und erlaubt keinen Aufschluss über die wirkliche wirtschaftliche Stabilität des Unternehmens. Auch nicht im Verhältnis zur Bilanzsumme.

Trotzdem rechnen auch die Fachmedien immer mit diesem ungenauen bilanziellen Eigenkapital, wenn sie statistische

Kapitel 7: Besser finanzieren

Auswertungen vornehmen und daraus abgeleitet regelmäßig die finanzierungshemmende Eigenkapital-Lüge auffrischen.

Versuch einer Einordnung

Irgendeinen Schluss muss man ziehen – darum eine Faustregel: Bei Unternehmen, die schon seit längerer Zeit in einer Schwächephase stecken, ist die Eigenkapitalquote im wirtschaftlichen Sinn i.d.R. niedriger als die bilanzielle Eigenkapitalquote. Bei gut funktionierenden Unternehmen ist es genau anders herum.

Alle Unternehmen, die in diese pauschale Ableitung nicht hineinpassen, sind die interessanten in der Finanzierung. Denn wenn diese Unternehmen um ihren richtigen Eigenkapitalausweis wüssten, könnte man auch das richtige Finanzierungspotenzial zuordnen.

Neue Dimensionen

Auf der Suche nach dem „richtigen" Eigenkapital bemühen wir die Fachliteratur. Dort hat das Eigenkapital Ingangsetzungsfunktion, Haftungsfunktion, Finanzierungsfunktion und andere Funktionen.

Tatsächlich ist es so, dass der Aufbau von Finanzierungen für mittelständische Unternehmen neben Fremdkapital auch einen angemessenen Eigenkapitaleinsatz fordert.

Die unterschiedlichen Rechtsformen sind entsprechend angelegt: Kapitalgesellschaften müssen ein Mindesteigenkapital nachweisen, Personenhandelsgesellschaften oder Einzelunternehmungen nicht. Das hat gute Gründe.

Kapitel 7: **Besser finanzieren**

Vor der Reform des GmbH-Gesetzes hatten kleinere Unternehmen als GmbH mindestens 25.000 € Eigenkapital nachzuweisen, um überhaupt anfangen zu können. Die Rechtsform sollte die Haftungsfunktion des Eigenkapitals eingrenzen. Das neue GmbH-Gesetz sieht erheblich weniger Eigenkapital vor.

Ob die 25.000 € Mindestkapital bei GmbHs jemals tauglich waren, sei dahingestellt. Im neuen GmbH-Gesetz ist der Betrag gesunken, die Form entspricht etwa der englischen Limited. Daran ist zu erkennen, dass sich für diese Rechtsform die Funktion des Eigenkapitals verändert hat.

Längst ist nämlich klar, dass das Stammkapital einer GmbH für Ingangsetzung, Kreditfähigkeit und Kreditwürdigkeit als Maß nicht taugt. Erforderlich und üblich sind Sicherheitenstellungen oder Einlagen, die über das Vermögen des Unternehmens hinausgehen. Genau wie bei Personenhandelsgesellschaften und Einzelfirmen, deren Unternehmer mit ihrem Privatvermögen uneingeschränkt haften – und auch dort gibt übrigens das bilanzielle Eigenkapital keine genaue Auskunft über das finanzierungsrelevante Haftungskapital.

Es gibt keine GmbH in Gründung und auch nahezu kaum GmbHs nach längerer Unternehmenshistorie, bei denen nicht der oder die Gesellschafter über persönliche Bürgschaften längst eine Verbindung zwischen Unternehmen und Privatvermögen hergestellt haben. Teilweise in einer Größenordnung, die eine GmbH-Rechtsform für den Unternehmer ab absurdum führen.

Kapitel 7: **Besser finanzieren**

Gelingt es dann nicht, genau zwischen den privaten Sicherheiten und der jeweiligen Finanzierung abzugrenzen, ist im Grunde genommen beinahe jede GmbH-Konstruktion kleinerer und mittlerer Unternehmen wie eine Personenhandelsgesellschaft oder eine Einzelfirma zu betrachten – mal abgesehen von steuerlichen Unterschieden.

> *Gerade bei kleineren Unternehmen sind schätzungsweise weniger als 10 Prozent aller Finanzierungen auf die Vermögenswerte im Unternehmen abgestellt. In nahezu allen anderen Fällen bringen die Unternehmer zusätzlich Privatvermögen als Sicherheiten ein.*

Alle Beteiligten auf dem Finanzierungsmarkt wissen, dass die Haftungspotenziale außerhalb des Unternehmens der Dreh- und Angelpunkt sind. Der Gesetzgeber hat mit der GmbH-Reform richtig reagiert. Warum geistert dann immer noch das Gerücht herum, der Mittelstand habe zu wenig Eigenkapital?

Wahrheit auf den Tisch

Das bilanzielle Eigenkapital muss endlich im Sinne des ursprünglichen Funktionsansatzes erweitert werden, und der lautet: Finanzierbarkeit mittelständischer Unternehmen. Darum geht es in Wahrheit um das haftende Eigenkapital!

In genau diesen Begriff müssen nun alle Bestandteile einbezogen werden, die ein Unternehmer aus privater Tasche für seine Finanzierungen einsetzt. Das klingt zu theoretisch?

Kapitel 7: **Besser finanzieren**

Das ist längst Praxis. Die Banken arbeiten schon seit Jahren mit dem Begriff des haftenden Eigenkapitals. So erkennt die Bankenaufsicht Bewertungsreserven des Vermögens oder nachrangige Verbindlichkeiten als haftende Eigenmittel an, ohne das diese in der Bilanz sichtbar wären. Die Definition des haftenden Eigenkapitals für den Mittelstand muß also heißen:

Bilanzielles Eigenkapital
- stille Lasten
+ stille Reserven
+ nachrangige Gesellschafterdarlehen
+ private Sicherheiten
= haftendes Eigenkapital

Allerdings ist die Bereitschaft zur Kapitalisierung des Unternehmens durch persönliche Vermögenswerte und eine umfangreiche persönliche Haftungsbereitschaft Fluch und Segen zugleich für den deutschen Mittelstand.

Sie ist Fluch, weil die hohe Abhängigkeit von privatem Sicherungspotenzial zugleich die Wachstumsmöglichkeiten des Mittelstands begrenzt. Sie ist ein Segen, weil diese Unternehmer auch in schwierigen konjunkturellen Phasen sehr viel besser als andere in der Lage sind, Kreditzusagen bei ihren Banken aufrecht zu erhalten.

Wichtig ist darum eine engere Partnerschaft mit Finanzdienstleistern, die sich als Mittelstandsbanken verstehen. Auch die besondere Verantwortung und die exzellenten Möglichkeiten einer Kreditanstalt für Wiederaufbau müssen an diesem Punkt ansetzen.

Kapitel 7: **Besser finanzieren**

Wie hoch ist das haftende Eigenkapital?

Die DZB BANK hat in der Zeit von April bis Juli 2008 eine Erhebung bei zahlreichen ihrer Kunden durchgeführt, um herauszufinden, welche Haftungsmittel die Unternehmer ihren Unternehmen zur Verfügung stellen.

Praktische Übung:

Die Eigenkapital-Studie

Wir haben eine Stichprobe aus dem Gesamtkundenbestand entnommen und uns auf drei Einzelhandelsbranchen beschränkt: 500 Unternehmen aus dem Schuh-, Sport- und Spielwarenhandel. Davon rund 60 Prozent Einzelunternehmer, 16 Prozent Personengesellschaften und 25 Prozent Kapitalgesellschaften. Als Grundlage verwendeten wir Durchschnittswerte der Eigenkapitalausstattung aus der rein bilanziellen Unternehmensanalyse (siehe Grafik auf S. 66). Die Untersuchung bauten wir nach den unterschiedlichen Rechtsformen auf.

Mit einem strukturierten Fragebogen erhoben wir Informationen zu eventuell bereitgestellten Gesellschafterdarlehen. Dann untersuchten wir die Fremdkapitalbestandteile der mittelständischen Unternehmen. Vor allem wollten wir wissen, wie stark diese mit Sicherheiten aus dem Privatvermögen des Unternehmers abgesichert sind.

Wir konzentrierten uns auf die sog. harten Sicherheiten wie Immobilien, Rückkaufswerte von Lebensversicherungen oder verpfändete Festgelder.

Kapitel 7: **Besser finanzieren**

> Diese Werte reduzierten wir dann um Sicherheitsabschläge und addierten das, was übrig blieb, zum Eigenkapitalbegriff hinzu.
>
> Und siehe da, die Eigenkapitalquoten – hier: zur Finanzierung eingesetzte private Vermögenswerte in Relation zur Bilanzsumme – verschoben sich deutlich:
>
> *(Detailinformationen zur Eigenkapital-Studie finden Sie im Anhang auf S. 77)*

Eigenkapitalquote
(zur Finanzierung eingesetzte private Vermögenswerte in Relation zur Bilanzsumme)

	bilanzieller Durchschnitt (in %)	inklusive Gesellschafterdarlehen (in %)	inklusive harter, privater Sicherheiten (in %)
Einzelunternehmen	34	37	73
Personengesellschaft	42	50	57
Kapitalgesellschaft	23	39	60
Alle	**36**	**45**	**61**

Kapitel 7: Besser finanzieren

Insgesamt verfügt die DZB BANK über eine in Deutschland vielleicht einzigartige Bilanzdatenbank im Bereich Einzelhandel. Jährlich analysieren wir eine große Menge an Jahresabschlüssen verschiedener Branchen.

> *Der Eigenkapitalbegriff fragt nach der Bereitschaft des Unternehmers, für sein Unternehmen und seine Investitionen zu haften. Diesem Anspruch werden Unternehmer in sehr hohem Umfang gerecht.*

Die Lücke ist da, die Lüge kann gehen

Es bedarf keiner großen wissenschaftlichen Diskussion darüber, ob diese Untersuchung in Branchenausrichtung, Anlage und Umfang repräsentativ ist. Wichtig ist mir, einen Trend oder eine grundlegende Zustandsbeschreibung für kleinere und mittlere Unternehmen zu finden.

Nach einer kurzen Stichprobe habe ich darüber hinaus festgestellt, dass die Abweichungen zwischen bilanziellem und haftendem Eigenkapital bei handwerklichen Betrieben noch größer sind und bei Großhandels- und produzierendem Unternehmen kaum geringer ausfallen.

> *Die Ergebnisse der Untersuchung legen eindeutig den Schluss nahe, dass der deutsche Mittelstand besser kapitalisiert ist, als immer behauptet wird.*

Bemerkenswert ist auch, dass Kapitalgesellschaften besonders viele private Vermögenswerte in die Unternehmensfinanzierung einbringen – und nur selten auf blanko

Kapitel 7: **Besser finanzieren**

bereitgestellte Finanzierungsmittel zugreifen können. Kleinunternehmen realisieren ihre Finanzierbarkeit sogar fast ausschließlich über private Vermögenswerte.

Vor diesem Hintergrund wirkt es mehr als seltsam, wenn – ausgerechnet in Deutschland – immer wieder in den Medien die vermeintlich schwache Eigenkapitalausstattung kleinerer und mittlerer Unternehmen als Kredithindernis beschworen wird.

Viele Unternehmer machen die Erfahrung, dass sie trotz umfangreicher persönlicher Haftungsbereitschaft keinen Risikopartner auf Bankenseite finden. Es sei denn, zu relativ hohen Kreditkonditionen.

Ich kann daher den Unternehmern nur raten: Suchen Sie auf jeden Fall nach alternativen Finanzierungsmöglichkeiten, für die Sie keine persönlichen Sicherheiten hinterlegen müssen. Dazu gehören Leasing, Factoring oder auch sog. Asset Backed Securities-Finanzierungen (ABS). Suchen Sie aber auch das Gespräch mit Ihrer Hausbank und anderen potenziellen Finanzpartnern.

Vor allem: Versenken Sie die Lüge, der deutsche Mittelstand sei zu schlecht mit Eigenkapital ausgestattet, in den Akten. Werden Sie sich Ihrer persönlichen Haftungsbereitschaft, Ihrem wahren Eigenkapital bewusst und nutzen Sie dieses Wissen für Ihre durchdachte, langfristige Finanzierungsstrategie.

Fazit

Fangen Sie an!

Als ich im November 2008 begann an diesem kleinen Buch zu schreiben, näherte sich die Finanzmarktkrise gerade ihrem Höhepunkt. Im Frühjahr 2009 war daraus eine Weltwirtschaftskrise geworden. Mit verunsicherten, teilweise gelähmten Marktteilnehmern, die auf ein Wunder oder staatliche Füllhörner voller Hilfe warten. Machen Sie es besser – tun Sie jetzt erst recht, was auch schon in „guten Zeiten" gilt: Nehmen Sie Ihre finanzielle Gesundheit selbst in die Hand.

Steigende Arbeitslosigkeit, rückläufige Nachfrage, wegbrechender Export... Die Schreckensszenarien der Krise und ihre Folgen scheinen unendlich. Während viele Kommentatoren und Politiker immer noch Ursachen erforschen und Schuld zuweisen, fragt sich der Unternehmer: Wie geht es im Alltag weiter? Kommt die Kreditklemme?

Bonität in einer bunten Welt
Leider lautet die Antwort für manche: Ja. Aber zum Glück nicht für mittelständische Unternehmen mit einer guten Finanzierungsstruktur, großen Liquiditätsreserven, einer klaren Planung und einer transparenten Unternehmensführung.

> *Die Banken, vor allem Sparkassen sowie die Volks- und Raiffeisenbanken, sitzen geradezu auf Bergen von Liquidität zum Investieren. Darum suchen die Banken nach guten Bonitäten im Mittelstand.*

Fazit

Bei mittleren bis schwächeren Bonitäten sieht die Sache anders aus. Denn diese Finanzierungen würden die Risikotragfähigkeit der Banken zu sehr belasten. Da meinen natürlich viele: „Die bösen Banken! Erst führen sie renditegierig die Weltwirtschaft in die Krise, beanspruchen anschließend staatliche Hilfen in unglaublichem Ausmaß und lassen zum Dank dafür den soliden Mittelstand hängen." Tja, wenn die Welt so schwarz und weiß wäre …

Erfreulicherweise ist die Welt aber bunt, mit vielen Grauwerten. Dazu gehört auch, dass die Unternehmer durch ihr Verhalten selbst mit entscheiden, ob es zu einer Kreditklemme kommt oder nicht. Und: Gute Bonitäten sind auch in starken wirtschaftlichen Zeiten besser als mittlere oder schlechte.

Mehr Wissen am Wochenende

Nehmen Sie darum die Dinge selbst in die Hand, wie in Kapitel 1 bis 7 dieses Kurz-Coachings beschrieben. Für die ersten Schritte genügt ein Wochenende. Nehmen Sie sich Zeit von Freitag bis Sonntag – und Sie haben danach wichtige Aufzeichnungen an der Hand, auf deren Basis Sie um Kreditklemmen einen Bogen machen können. Ich gebe Ihnen gerne einige Anregungen für die ersten Fragen:

Welches Eigenkapital haben Sie in Ihr Unternehmen eingebracht?

Schreiben Sie auf, mit welchen privaten Vermögensteilen Sie die Verantwortung für Ihr Unternehmen übernehmen. Neben dem eingezahlten Kapital und möglichen Rücklagen, die in der Bilanz auftauchen, gehört dazu bestimmt auch privates Vermögen.

Fazit

Diese Transparenz hilft Ihnen vor allem dann weiter, wenn Ihr Unternehmen zur Kategorie der mittleren Bonitäten gehört. Denn bei diesen hängt es sehr häufig von einer detaillierten Bewertung inklusive Haftungspotenzial ab, ob die Banken zusätzliche Kredite gewähren oder nicht.

Erstellen Sie ein Inventar Ihrer Kredit- und Sicherungsverträge.

Die meisten Unternehmer sind nicht in der Lage, auf Nachfrage eine Vermögens- und Schuldenaufstellung für das Privatvermögen oder einen Kreditspiegel mit Sicherheitenbereitstellung und Sicherheitenbewertung zu liefern. Doch genau diese Informationen sind für Kreditantrag und Bankgespräche ebenso wesentlich wie für die langfristige Finanzplanung. Denn vielleicht benötigen Sie Sicherheiten für eine zusätzliche Finanzierung.

Darüber hinaus führt Sie diese Inventur unweigerlich zu der Frage, bei welchem Finanzierungspartner Sie den größten Kreditschöpfungsspielraum haben: Wer bewertet Ihre Unternehmens- oder privaten Vermögenswerte optimal?

Internet-Recherche: Verschaffen Sie sich einen Marktüberblick über unterschiedliche Finanzierungsangebote, Leistungsstärken und Spezialisierungen im Finanzierungsmarkt.

Der Markt bietet heute weit mehr als das klassische Hausbankenangebot mit kurz- und langfristigen Finanzierungsmitteln. Schon lange stehen für weite Teile des Umlaufvermögens Spezialfinanzierer bereit, z.B. Factoring-

Fazit

Unternehmen – mit idealen Konstruktionen für die Finanzierung von Forderungsbeständen.

Viele Unternehmer sind zurückhaltend und ahnungslos, wenn es um diese Spezialfinanzierer geht. Doch jeder Unternehmer muss für sich analysieren, welcher Finanzierungspartner was am besten kann. Die erste Internet-Recherche ist eine gute Grundlage für weitere Nachforschungen.

Schreiben Sie ein Ideen-Papier.

Um langfristig erfolgreich zu sein, müssen Sie Ihr Geschäftsmodell, Ihre Produkte und Leistungen permanent weiterentwickeln.

Dazu gehört auch, die Mitarbeiter zu qualifizieren. Damit diese in der Lage sind, Marktveränderungen im Verkauf, in der Beschaffung, aber auch in den markt-abgewandten Prozessen zu erkennen und zeitnah darauf zu reagieren.

Darüber hinaus sollten Sie einen Sparringspartner haben, mit dem Sie Ihr Unternehmen kritisch analysieren und mögliche Entwicklungsschritte kontrovers, aber konstruktiv diskutieren können.

Verschaffen Sie sich die Möglichkeit, Innovationen schnell und mit finanzieller Stärke ausprobieren zu können. Denn die überlegene Kapitalkraft großer Unternehmen können Sie nur durch Geschwindigkeit ausgleichen.

Notieren Sie sich, welche dieser und ähnlicher Maßnahmen Sie bereits in Angriff genommen haben und welche Sie planen.

Fazit

Beim Aufschreiben fallen Ihnen eventuell weitere Ideen für die Entwicklung Ihres Unternehmens ein. Hier geht es nicht um einen strukturierten Plan, sondern um eine erste Sammlung wichtiger Eckpunkte.

Setzen Sie sich dann einen Termin für die detaillierte Erstellung Ihrer Fünf-Jahres-Strategie, mit Zielen und Maßnahmen hinsichtlich Personal, Marktbearbeitung, Produkten und Finanzierung. Planen Sie die Information Ihrer Belegschaft mit ein.

Wichtig: Nur das, was Sie konkret beschreiben und in konkrete Zielvorgaben umsetzen können, ist für potenzielle Partner auch finanzierbar.

> **Praktische Übung:**
>
> **Die richtige Ertragsgröße zum langfristigen Überleben**
>
> Wenn Sie Lust zum Rechnen haben ...
>
> Die finanzielle Grundausstattung für Forschung und Entwicklung müssen Sie im laufenden Geschäft erwirtschaften. Für die entsprechende Ertragsgröße gibt es selbstverständlich nicht nur eine Kennziffer. Aber sehen wir uns mal eine Kapitalausstattung an, die sich am Durchschnitt unserer Studie orientiert.
>
> Ein Unternehmer, der über eingezahltes Eigenkapital und zusätzliche Haftungsmittel rund 50 Prozent an Haftungsmasse für das Unternehmen zur Verfügung

Fazit

> stellt, sollte dieses Kapital mindestens auf der Höhe des durchschnittlichen Fremdkapitalaufwands verzinsen können.
>
> Es gibt betriebswirtschaftlich keinen vernünftigen Grund dafür, dass das privat eingesetzte Kapital geringer verzinst wird als das von Banken erhaltene Fremdkapital. Dies vor allem deshalb, weil das private Kapital im Unternehmen einen haftungstechnisch anderen Status hat als das Fremdkapital. Denn bei einer Unternehmensinsolvenz verlöre zunächst der Unternehmer sein Kapital, erst dann die Bank.
>
> Dieses höhere Risiko muss sich nach der einschlägigen Einschätzung aller im Markt beteiligten Investoren in einer höheren Kapitalrendite niederschlagen.
>
> Spielraum für die unabdingbare Forschung und Entwicklung verbleibt allerdings nur dann, wenn über diese Verzinsung hinaus eine Rentabilität des Unternehmens gelingt.

Wie fühlen Sie sich bei Ihrer Bank?

Die mittelständische Loyalität, die der Unternehmer seiner Bank entgegenbringt, beruht nicht immer auf Gegenseitigkeit. Darüber muss sich ein Unternehmer im Klaren sein. Vielmehr ist die Unabhängigkeit von der Bank das A und O für das langfristige Überleben eines mittelständischen Unternehmens.

Unabhängig heißt nicht, keine Finanzierungsmittel zu brauchen. Sondern: Die ideale Finanzierung mit unterschiedlichen Partnern zu vereinbaren und dafür den richtigen Preis zu bezahlen.

Fazit

Schreiben Sie auf, was Sie bei Ihrer Bank erleben, was Sie stört, wo Sie Fragen haben und was Sie gerne anders hätten. Diese Notizen sind wichtig für Ihre weiteren Gespräche mit Banken.

Holen Sie sich kompetente, unabhängige und respektvolle Hilfe.

Mittlerweile gibt es bereits eine ganze Reihe unabhängiger Finanzierungsberater, die vor allem Privatkunden durch das Dickicht der unterschiedlichen Angebote führen. Im Firmenkundengeschäft gibt es das eher selten. Gerade hier wäre jedoch eine vertrauensvolle Zusammenarbeit zwischen Unternehmer und Firmenkundenbetreuer hilfreich. Auch ein gut ausgebildeter Steuerberater kann weiterhelfen.

> *Langfristig gute Geschäftsbeziehungen, die auf eine hohe Verbundenheit von Unternehmen und Unternehmern hinweisen, sind das Beste, was mittelständischen Unternehmen passieren kann. Langfristige Abhängigkeit gibt es in der Praxis nicht, denn sie führt bereits mittelfristig zum Scheitern des Unternehmens.*

Suchen Sie sich einen Berater, der den Nutzen für Ihr Unternehmen in den Vordergrund stellt – und nicht die Vermittlungsprovision für ein mehr oder weniger geeignetes Produkt. Einen Berater, der mit Ihnen auf Augenhöhe spricht, Ihre Fragen umfassend beantwortet und Sie ernst nimmt.

Fazit

Erstellen Sie eine Liste möglicher Gesprächspartner, die Sie bereits kennen. So können Sie besser auswählen, mit wem Sie auf jeden Fall sprechen wollen.

Beharren Sie auf Vertrauen. Mehr als langfristig.

Die mittelständischen Unternehmer und die finanzierenden Banken müssen (wieder) Vertrauen aufbauen und aufrechterhalten. Durch eine faire Partnerschaft und offene Kommunikation miteinander. Durch verlässliche persönliche Beziehungen, transparente Bewertungsmaßstäbe und am Nutzen des jeweiligen Geschäftspartners orientierte Geschäftsabschlüsse. Für eine mehr als langfristig stabile Finanzierungsbasis.

Die Listen, die Sie am Wochenende erstellen, sind Ihr wertvollstes Material auf dem Weg in diese stabile, selbst initiierte Unabhängigkeit. Ich wünsche Ihnen dafür alles Gute und viel Erfolg!

Anhang: **Tabellen und Grafiken**

Tabellen und Grafiken zur Eigenkapital-Studie

Eigenkapitalausstattung des Einzelhandels
Rechtsformen

Einzelunternehmen	289	58,1%
Personengesellschaften	81	16,3%
GmbH	120	24,1%
Aktiengesellschaften	0	
Sonstige Kapitalgesellschaften	1	
Keine Angabe	6	1,2%
Gesamt	**497**	**100,0%**
Einnahme-/Überschussrechnung	2	
Unbrauchbare Fragebögen	38	

Eigenkapitalausstattung des Einzelhandels
Branchen

Schuhe	251	56,2%
Sport	102	22,1%
Spielwaren	123	24,5%
Keine Angabe	20	
Gesamt	**496**	

(vereinzelt Doppelangabe bei Schuhe/Sport) Stand 03.11.2008

Eigenkapitalausstattung des Einzelhandels
Rechtsformen

497 auswertbare Bögen

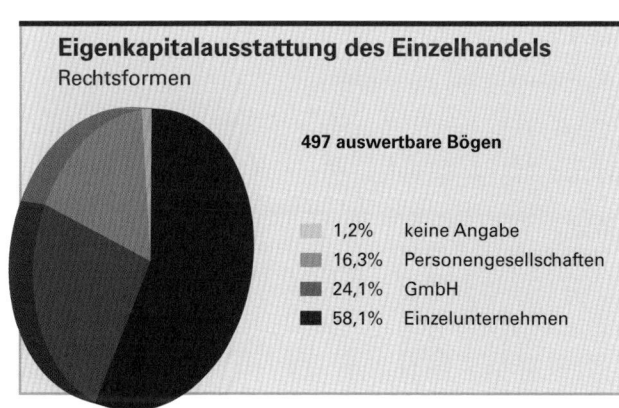

1,2% keine Angabe
16,3% Personengesellschaften
24,1% GmbH
58,1% Einzelunternehmen

Anhang: **Tabellen und Grafiken**

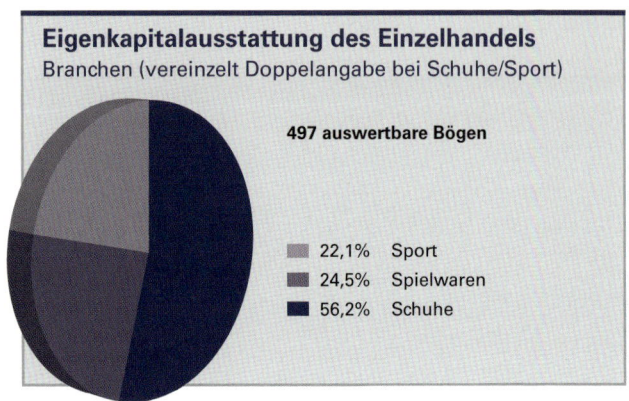

Eigenkapitalausstattung des Einzelhandels
Branchen (vereinzelt Doppelangabe bei Schuhe/Sport)

497 auswertbare Bögen

- 22,1% Sport
- 24,5% Spielwaren
- 56,2% Schuhe

Eigenkapitalausstattung des Einzelhandels
Eigenkapitalverhältnisse über „Einzelfirma" unter Einrechnung Sicherheiten

Eigenkapital (inkl. Neg. Kap.)	33,84%
zzgl. Grundschulden	60,43%
zzgl. Grundschulden „Dritte"	66,61%
zzgl. Rückkaufswerte Lebensvers.	68,96%
zzgl. Verpfändung Festgelder	69,41%
zzgl. Gesellschafterdarlehen	72,69%

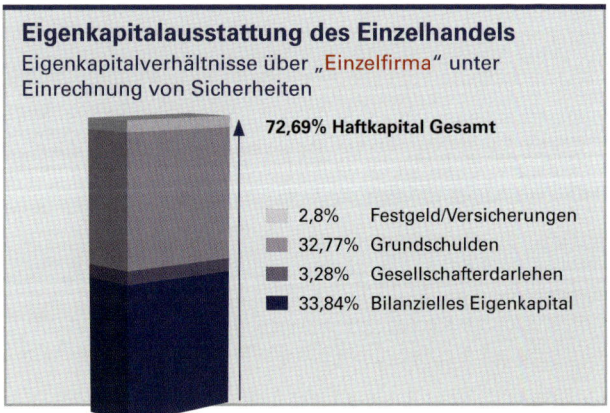

Eigenkapitalausstattung des Einzelhandels
Eigenkapitalverhältnisse über „Einzelfirma" unter Einrechnung von Sicherheiten

72,69% Haftkapital Gesamt

- 2,8% Festgeld/Versicherungen
- 32,77% Grundschulden
- 3,28% Gesellschafterdarlehen
- 33,84% Bilanzielles Eigenkapital

Anhang: **Tabellen und Grafiken**

Eigenkapitalausstattung des Einzelhandels
Eigenkapitalverhältnisse über „Kapitalgesellschaften"
unter Einrechnung Sicherheiten

Eigenkapital (inkl. Neg. Kap.)	22,92%
zzgl. Grundschulden	39,99%
zzgl. Grundschulden „Dritte"	42,80%
zzgl. Rückkaufswerte Lebensvers.	43,87%
zzgl. Verpfändung Festgelder	43,95%
zzgl. Gesellschafterdarlehen	59,71%

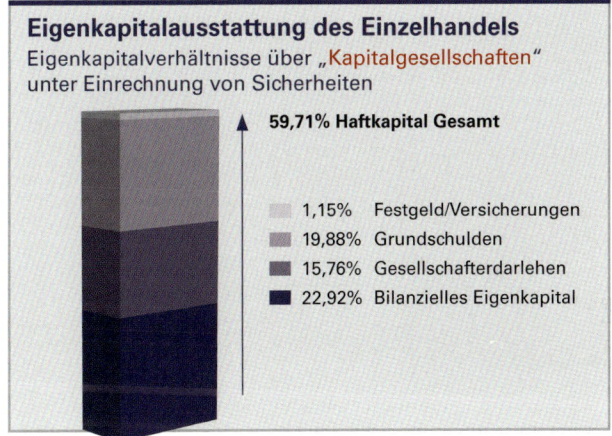

Eigenkapitalausstattung des Einzelhandels
Eigenkapitalverhältnisse über „Kapitalgesellschaften"
unter Einrechnung von Sicherheiten

59,71% Haftkapital Gesamt

- 1,15% Festgeld/Versicherungen
- 19,88% Grundschulden
- 15,76% Gesellschafterdarlehen
- 22,92% Bilanzielles Eigenkapital

Eigenkapitalausstattung des Einzelhandels
Eigenkapitalverhältnisse über „Personengesellschaft"
inkl. Sicherheiten

Eigenkapital (inkl. Neg. Kap.)	42,25%
zzgl. Grundschulden	47,96%
zzgl. Grundschulden „Dritte"	48,82%
zzgl. Rückkaufswerte Lebensvers.	49,00%
zzgl. Verpfändung Festgelder	49,06%
zzgl. Gesellschafterdarlehen	57,36%

Anhang: **Tabellen und Grafiken**

Eigenkapitalausstattung des Einzelhandels
Eigenkapitalverhältnisse über „Branche Spielwaren" inkl. Sicherheiten

Eigenkapital (inkl. Neg. Kap.)	37,63%
zzgl. Grundschulden	48,43%
zzgl. Grundschulden „Dritte"	52,86%
zzgl. Rückkaufswerte Lebensvers.	53,69%
zzgl. Verpfändung Festgelder	53,82%
zzgl. Gesellschafterdarlehen	61,79%

Eigenkapitalausstattung des Einzelhandels
Eigenkapitalverhältnisse über „Branche Spielwaren" unter Einrechnung von Sicherheiten

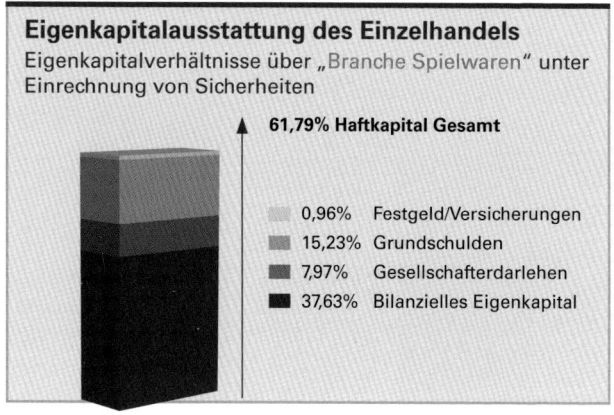

▲ 61,79% Haftkapital Gesamt

- 0,96% Festgeld/Versicherungen
- 15,23% Grundschulden
- 7,97% Gesellschafterdarlehen
- 37,63% Bilanzielles Eigenkapital

Eigenkapitalausstattung des Einzelhandels
Eigenkapitalverhältnisse über „Branche Sport" inkl. Sicherheiten

Eigenkapital (inkl. Neg. Kap.)	28,50%
zzgl. Grundschulden	45,15%
zzgl. Grundschulden „Dritte"	45,95%
zzgl. Rückkaufswerte Lebensvers.	46,58%
zzgl. Verpfändung Festgelder	46,74%
zzgl. Gesellschafterdarlehen	52,07%

Anhang: **Tabellen und Grafiken**

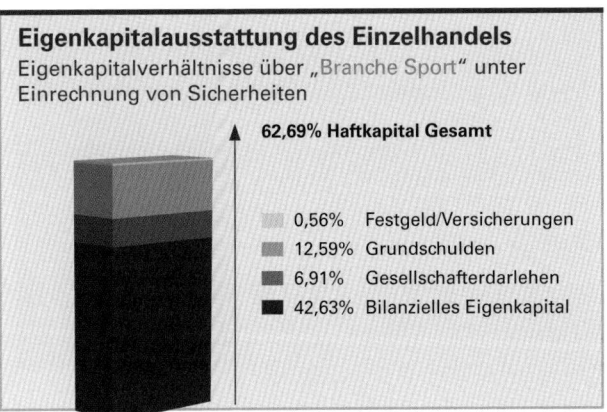

Eigenkapitalausstattung des Einzelhandels
Eigenkapitalverhältnisse über „Branche Sport" unter Einrechnung von Sicherheiten

62,69% Haftkapital Gesamt

- 0,56% Festgeld/Versicherungen
- 12,59% Grundschulden
- 6,91% Gesellschafterdarlehen
- 42,63% Bilanzielles Eigenkapital

Eigenkapitalausstattung des Einzelhandels
Eigenkapitalverhältnisse über „alle" inkl. Sicherheiten

Eigenkapital (inkl. Neg. Kap.)	35,82%
zzgl. Grundschulden	48,58%
zzgl. Grundschulden „Dritte"	51,01%
zzgl. Rückkaufswerte Lebensvers.	51,85%
zzgl. Verpfändung Festgelder	52,00%
zzgl. Gesellschafterdarlehen	61,02%

Eigenkapitalausstattung des Einzelhandels
Eigenkapitalverhältnisse über „alle" unter Einrechnung von Sicherheiten

61,02% Haftkapital Gesamt

- 0,99% Festgeld/Versicherungen
- 15,19% Grundschulden
- 9,02% Gesellschafterdarlehen
- 35,82% Bilanzielles Eigenkapital

Über den Autor

Günter Althaus

Günter Althaus, 42 Jahre, ist Vorstandsvorsitzender der anwr Gruppe, einem mittelständischen Kooperationskonzern mit Schwerpunkten im Schuh- und Sporthandel. Zudem ist er Geschäftsführer der gruppeneigenen DZB BANK, einem europaweit tätigen Spezialfinanzierer im Handel.

Althaus ist gelernter Banker, hat viele Jahre im genossenschaftlichen Bank- und Verbandswesen gearbeitet und eine ebenfalls mittelständische Unternehmensberatungsgesellschaft geleitet.

Seit einigen Jahren unterhält er einen Lehrauftrag an der Hochschule in Worms, wo er mit seinen Studenten am Thema „Finanzierung im Mittelstand" arbeitet.

Die Diskussionen mit seinen Studenten, die Unzufriedenheit vieler mittelständischer Unternehmer und auch die zunehmende Orientierungslosigkeit zahlreicher Kollegen bei der Suche nach neuen Rezepten im Mittelstandsgeschäft haben ihn dazu angeregt, seine Gedanken als Kurz-Coaching in diesem Buch zu Papier zu bringen.

Dank:
Ein herzlicher Dank geht an meine beiden Assistentinnen, Tanja Gehrlein und Melanie Gaißmaier, die meine Gedanken zu Papier gebracht haben.
An Peter Rautenberg, der die Eigenkapital-Studie umgesetzt hat.
An Alex Szugger und seine Mannschaft, die mich „sprachlich" unterstützt haben.

Vor allem geht ein herzlicher Dank an Conny und die Jungs für ihre Geduld.

Ginsheim, Sommer 2009